南方丘陵区
农业旱情研判技术实践

雷声　余雷　刘业伟 等　编著

中国水利水电出版社
www.waterpub.com.cn
·北京·

内 容 提 要

本书针对南方丘陵区农业干旱防御现状及干旱特点，提出了南方丘陵区农业旱情监测和预测的技术思路，系统阐述了适合南方丘陵区农业旱情研判的缺水度、缺墒、遥感监测等技术模型的构建，并详细介绍了江西省农业旱情研判实践。本书理论先进、技术实用、内容丰富，对南方丘陵区农业旱情研判工作具有较好的理论与实践指导意义。

本书可供从事农业旱情监测和预测技术研究与应用等相关工作的科技人员使用，也可供相关专业高校师生参考。

图书在版编目（ＣＩＰ）数据

南方丘陵区农业旱情研判技术实践 / 雷声等编著
. -- 北京 ： 中国水利水电出版社，2019.10
ISBN 978-7-5170-8129-6

Ⅰ．①南… Ⅱ．①雷… Ⅲ．①丘陵地－农业－旱情－监测－研究－南方地区 Ⅳ．①S423

中国版本图书馆CIP数据核字(2019)第230667号

审图号：赣 S（2019）061 号

书　　　名	**南方丘陵区农业旱情研判技术实践** NANFANG QIULINGQU NONGYE HANQING YANPAN JISHU SHIJIAN
作　　　者	雷声　余雷　刘业伟　等编著
出 版 发 行	中国水利水电出版社 （北京市海淀区玉渊潭南路 1 号 D 座　100038） 网址：www. waterpub. com. cn E - mail：sales@waterpub. com. cn 电话：(010) 68367658 （营销中心）
经　　　售	北京科水图书销售中心（零售） 电话：(010) 88383994、63202643、68545874 全国各地新华书店和相关出版物销售网点
排　　　版	中国水利水电出版社微机排版中心
印　　　刷	天津嘉恒印务有限公司
规　　　格	170mm×240mm　16 开本　8.75 印张　171 千字
版　　　次	2019 年 10 月第 1 版　2019 年 10 月第 1 次印刷
印　　　数	0001—1000 册
定　　　价	**60.00 元**

南方丘陵地区降水丰沛、土壤肥沃、气候适宜，是我国重要的水稻种植区域，为国家粮食安全提供了重要保障。受自然与人为等多重因素综合影响，南方丘陵地区干旱频发多发，几乎每年均有区域阶段性的农业干旱发生。例如，江西省2003年、2007年发生全省性干旱，出现了严重的农业旱情和农村人畜饮水困难局面，城市供水也受到很大影响；湖南省2013年大旱，受旱作物面积占耕地总面积的35%，直接经济损失达45.3亿元。江西、湖南、湖北等作为南方丘陵地区的农业大省，作物产量受干旱波动明显，部分年份旱灾减产量甚至多于水灾减产量。近年来，随着社会经济可持续发展的全面推进，抗旱减灾被提到前所未有的高度，加强自然灾害防治关系国计民生，人们逐渐意识到要建立高效科学的自然灾害防治体系，要针对关键领域和薄弱环节，推动建设若干重点工程，实施自然灾害监测预警信息化工程，提高多灾种和灾害链综合监测能力、风险早期识别能力和预报预警能力。

目前，国内的旱情监测预测业务系统在监测体系的完整性、监测信息的时效性等方面均明显落后于防汛信息监测系统。国际上虽然能利用遥感技术快速经济地获取大面积范围内的地表信息，并可以直接监测或间接反演大范围干旱所需的非均一地表众多参数和变量，但在研究成果的实际应用中，由于应用系统所需的监测范围和实际的气象卫星资料情况与研究环境相距甚远，目前还是局限于在小范围和理想资料的条件下应用，在大范围旱情监测预测中的应用还存在着一系列问题。

2007年以来，江西省水利科学研究院在江西省防汛抗旱总指挥部办公室（以下简称"江西省防办"）的支持下，围绕江西省农业旱情的监测和预测开展了一系列研究，取得了较好的实践效果。该系列研究主要针对江西省农业干旱现状和干旱发生特点，建立了适合南方丘陵区域农业旱情研判的缺水度、缺墒、遥感监测等技术模型，提出了江西省农业旱情监测和预测的技术思路；对典型县和典型灌区进行了实地调研，开展了全省300余座大中型灌区实地调查工作，收集了灌区水源工程、种植结构、历史干旱等信息；结合全国第一次水利普查数据完成了全省19012座13.33hm²（200亩）以上灌区的标绘工作，构建了较为全面的江西省农业旱情综合数据库，研发了江西省农业旱情研判系统。系统研发至今，经不断调试、率定和参数修正，已向江西省防办累计提交全省旱情通报60余期，在干旱发生时为江西省多个大中型灌区及市、县（市、区）水利局防办提供农业旱情监测预测数据，并将系统计算模型整合于抚州市、上饶市等市级防汛指挥平台中，对全面提升农业旱情研判的及时性和准确性提供了有力支撑，为我国南方丘陵区农业旱情研判工作提供了较好的示范作用。本书的研究成果在以下几个方面取得突破性进展：

（1）建立了适用于水田等耕地的缺水度模型、旱地的缺墒模型和省级农业旱情遥感监测模型，并在典型调查、历史资料反演和干旱期实时修正的基础上，对上述模型进行了优化和验证率定。

（2）首次在我国南方丘陵区建立了较为全面的省级农业旱情综合数据库。数据库以江西省13.33hm²以上灌区和旱地为基本分析单元，关联的数据包括耕地信息、水源工程、降水、水位、墒情、蒸发、农作物结构及需水耗水情况、灌区行政区域和地理信息等。

（3）开发了基于大数据支持的"旱情拍拍"旱情移动巡查系统。乡（镇）水管员、水库管理员实时上传旱情信息，大大提高了旱情监测准确率，为修正模型参数提供数据支撑。

（4）研发了省级农业旱情研判系统。实现了江西省灌区和旱地旱情的监测、预测和研判，生成江西省旱情通报，反映江西省受旱情况和发展趋势，为旱情研判及抗旱指挥提供了有效的决策支持。

　　本书包括 9 章：第 1 章介绍了干旱相关概念、干旱指标、旱情研判技术、农业旱情研判业务化现状及江西省农业旱情研判现状，由雷声撰写；第 2 章介绍了南方丘陵区农业干旱特征并提出农业旱情研判的难点，由刘业伟撰写；第 3 章以江西省为例介绍了研究区农业干旱防御现状，由余雷、刘业伟撰写；第 4 章以江西省为例介绍了农业旱情信息采集体系，由雷声撰写；第 5 章介绍了基于缺水度模型的农业旱情研判，并以江西省莲花县为例阐述了模型的构建及应用，由刘业伟撰写；第 6 章介绍了基于缺墒模型的农业旱情研判，着重介绍了应用土壤退墒曲线、新安江模型预报旱地农业旱情，由余雷、雷声、刘业伟撰写；第 7 章介绍了基于遥感指数模型的农业旱情监测，由张秀平、雷声、许小华撰写；第 8 章介绍了省级农业旱情研判系统的构建及应用，由雷声、王小笑、汪国斌撰写；第 9 章为结语，由雷声、余雷撰写。全书由雷声、余雷、刘业伟统稿，李斯颖参加了部分图件的绘图工作，李洪任、孔琼菊为本书的撰写提供了部分数据。本书封面图片由李斯颖提供。

　　本书的撰写得到了江西省防办和江西省水利科学研究院的大力支持，在此表示感谢，同时也感谢中国水利水电出版社为本书付出的辛勤劳动。在本书编著过程中，参阅了大量有关旱情研判的文献资料，部分内容已在参考文献中列出，但难免仍有遗漏，在此一并向参考文献的各位作者致谢。

　　由于撰写时间仓促，书中不当之处恳请读者批评指正。

编者

2019 年 7 月

目 录

第1章

绪　　论

　　我国南方丘陵地区有丰沛的降水、宜人的气候、发达的水系，造就了湖南、江西、湖北等地"谷底溪、谷地田、山脚居、山顶林"的独特人居环境。南方丘陵地区农耕发达，是我国重要的稻谷主产区和国家商品粮基地。如2016年江西省以占全国1.73%的国土面积、2.28%的耕地面积，生产了占全国3.47%的粮食，养活了占全国3.3%的人口，稻谷年均产量约为1500万t。但由于气候变化、水资源分布不均、地形地貌不一、降水时空分布与农作物生长期不匹配等因素，农业干旱已成为影响南方丘陵地区农作物正常生长的主要自然灾害之一，对社会经济的发展造成了严重的影响。因此，正确认识理解干旱相关概念、干旱指标，梳理总结南方丘陵区农业旱情研判业务工作现状、难点，以及探索南方丘陵区农业旱情研判技术及实践方法具有重要意义。

1.1　干旱相关概念

1.1.1　干旱的定义及特征

　　干旱的发生是一个复杂的过程，会对工农业、生态及社会经济等多方面造成负面影响，故各行各业对干旱有特定的理解，关于干旱的定义有100余种[1]，各部门、各行业对干旱的定义也不尽相同。美国气象学会在总结各种干旱定义的基础上将干旱分为4种类型：气象干旱（降水和蒸发不平衡所造成的水分短缺现象）、农业干旱（以土壤含水量和植物生长形态为特征，反映土壤含水量低于植物需水量的程度）、水文干旱（河川径流低于其正常值或含水层水位降落的现象）、社会经济干旱（在自然系统和人类社会经济系统中，由于水分短缺影响生产、消费等社会经济活动的现象）。

　　早期研究一般认为干旱是在一定时间内持续降水短缺的自然现象，从气象过程考虑干旱问题，强调自然属性。世界气象组织认为干旱是一种持续的、异常的降水短缺[2]；联合国国际减灾战略机构定义干旱为在一个季度或者更长时期内，由于降水严重缺少而产生的自然现象[3]。同时，也有研究者认为不应仅从单一的气象过程去考虑干旱问题，他们认为干旱属自然水循环的极值事件，需从水循环的全过程去定义干旱，即应从大气过程、土壤过程、地表过程、地下水过程考虑干旱问题。如屈艳萍等将干旱定义为：某地理范围内因降水在一定时期持续少于正常状态，导致河流、湖泊水量和土壤水或者地下水含水层中水分亏缺的自然现象[4-5]。可见，从完整的水循环过程的角度去定义干旱问题更加倾向于将其认为是自然属性与社会属性叠加的过程。

尽管不同阶段或不同组织机构对干旱的定义不同，干旱本质上是由于降水减少或地表水不足等外界因素引起水量持续少于正常值，导致地表水、土壤水或地下水水分亏缺的自然现象。

从干旱的形成及定义可知，干旱具有随机性、蠕变性和广发性三个基本特征[4]。从发生概率上看，干旱作为一种极值的水循环事件，其发生具有随机性，可以发生于任何区域的任何时段；从时间维度上看，干旱的发生、发展和消亡过程比洪涝、地震等自然灾害缓慢，该过程快则数日慢则数月，即干旱具有蠕变性；从空间发展上看，干旱发生后一般会逐渐蔓延和扩散，覆盖范围较广，即干旱具有广发性。

1.1.2 干旱灾害的定义及特征

干旱灾害又称旱灾，可通俗理解为由干旱引起的灾害，即由于降水减少或地表水不足等外界因素引起地表水、土壤水或地下水水分亏缺，并且对工农业生产、城乡居民生活及生态环境等造成危害的事件。显然，旱灾具有自然和社会两重属性，影响农业、工业、生态、城市等多方面，涉及行业多、范围广。

从干旱灾害的形成及定义可知，旱灾具有渐进性、累积效应、自然社会双重属性、相对可控性四个基本特征。

（1）渐进性。旱灾是由干旱引起的，干旱缓慢发生、逐渐悄无声息地扩散，逐渐加重，和洪灾、台风等灾害的突发性有所区别。

（2）累积效应。干旱灾害的发生后，在无降水或人工影响条件下，表现出干旱程度逐渐加重、干旱范围增大，即干旱灾害的累积效应。

（3）自然社会双重属性。干旱灾害的形成一般是由于降水减少这一自然属性变化造成工农业生产、生活、生态等社会属性的危害，即兼具自然和社会两重属性。

（4）相对可控性。相对洪灾、台风、地震等自然灾害而言，旱灾是相对可控的，旱象初现，采取人工增雨、提水灌溉保墒等措施能有效缓解旱情，减轻旱灾影响。

1.2 干旱指标

干旱指标是表征干旱程度的标准，由于干旱受自然地理、气候气象和河流水系等多因素影响，气象、水利、农业等行业均有不同的干旱程度评价指标。随着人类对干旱问题的认识，干旱指标也经历了从仅考虑降水单一评价指标到多因素综合指标的发展过程。一般干旱指标分为气象、农业、水文、社会经济、生态和综合干旱指标等，国内外常用干旱指标见表 1.1[6]。

表 1.1　　　　　　　　　国内外常用干旱指标

干 旱 指 标	发表者	分析的变量	应用领域
降水量距平	Henry	21d 降水少于正常值 30%	气象干旱
前期降水值	McQuing	降水	气象干旱
干旱面积指数 DAI	Bhalme	干旱面积	气象干旱
降水异常指数 RAI	Van - Rooy	降水	气象干旱
Palmer 干旱强度指数 PDSI	Palmer	基于水平衡模式的降水和温度	气象干旱
修正 Palmer 指数	安顺清	降水和温度	气象干旱
Z 指数	幺枕生	降水	气象干旱
修正 Palmer 指数	NWS	水平衡模式分析的降水和温度	气象干旱
标准降水指数 SPI	McKee	降水	气象干旱
综合气象数值 CI	NCC	降水和蒸发量	气象干旱
有效降水数值 EDI	Byun 和 Wilhite	日降水	气象干旱
干旱勘察指数 RDI	Tsakiris	降水和温度等气象资料	气象干旱
标准化降水蒸散指数 SPEI	Vicente - Serrano	降水与地表潜在蒸散	气象干旱
充足水分指数	McGuire	降水和土壤水分	气象农业干旱
作物水分指数 CMI	Palmer	降水和温度	农业干旱
Palmer 湿润指数	Karl	水平衡分析的降水和温度	气象农业干旱
土壤湿度干旱指标 SMDI	Hollinger	土壤湿度和作物产量	农业干旱
归一化水分指数 NDWI	B. C. Gao	植被水分	农业生态干旱
特定作物干旱指数 CSDI	Steven Meyer	土壤水分平衡和作物产量	农业干旱
地表蒸发指数 EF	Niemeyer	能量平衡	农业生态干旱
土壤湿度亏缺指数 SMDI	Narasimhan	土壤湿度亏缺	农业干旱
蒸散亏缺指数 ETDI	Narasimhan	蒸散湿度亏缺	农业干旱
K 指数	王劲松等	降水和蒸发量	农业干旱
植被反照率干旱指数 VCDA	Ghulam	MODIS 卫星遥感资料	农业干旱

续表

干旱指标	发表者	分析的变量	应用领域
正交干旱指数 PDI	Ghulam	MODIS 卫星遥感资料	农业干旱
H 指数	杨小利等	水分平衡量	农业干旱
地表供水指数 SWSI	Shafer	积雪、水库蓄水、流量和降水	水文干旱
PHDI 指数	Alley	水平衡模式分析的降水和温度	水文干旱
区域流量短缺指数 RDI	Stahl	流量和流速资料	水文干旱
标准化径流指数 SRI	Shukla 和 Wood	径流	水文干旱
径流干旱指数 SDI		径流	水文干旱
社会缺水指数 SWSI	Ohlsson	可利用水量、人口数、人类发展指数	社会经济干旱
农村干旱饮水困难百分率	陈斌	人均日生活供水量、受旱人口	社会经济干旱
社会经济干旱指数	Arab	经济、气象、水文和农业产量等	社会经济干旱
植被条件指数 VCI	Kogan	卫星 AVHRR 辐射	农业生态干旱
WAWAHAMO 指数	Zierl	水分平衡量	生态干旱
标准植被指数 SVI	Peters 等	卫星遥感资料	生态农业干旱
干旱监测系统 ADWS	Beran 等	地面降水网站和遥感	综合监测
NOAA 干旱监测 DI	NOAA	多干旱指数和辅助指标的干旱监测	综合监测
多要素集成指数	Keyantash	气象、水文和陆面水分特征量	综合监测
欧洲干旱观察 EDO	Niemeyer 等	SPI、土壤湿度、降水量和遥感指数等	综合监测
植被干旱响应指数 VegDRI	Brown 等	NOAA AVHRR 资料和气象资料	综合监测
综合地表干旱指数 ISDI	周磊	降水、植被、地表热、地表覆盖、灌溉、海拔、土壤属性等	综合监测
旱情综合监测模型	包欣	气象、农业、遥感数据	综合监测
综合干旱指数 SDI	杜灵通	植被、土壤和降水亏缺，土地利用和 DEM 等地理空间特征辅助参量	综合监测
光谱维-温度干旱指数 STDI	孙灏	综合土壤水分、地表蒸散、植被绿度及植株水分的变化	综合监测

　　传统的农业干旱监测指标包括土壤相对湿度、作物缺水率、降水量距平百分率、断水天数、连续无雨日数、作物水分亏缺指数、作物水分亏缺距平指数、农田与作物干旱形态指标等。近些年，我国水利、气象、农业等行业在干旱监测评估方面颁布出台了行业标准，也有部分行业标准经完善修订后升级为

国家标准。关于农业干旱监测评估的标准主要有《旱情等级标准》（SL 424—2008)[7]、《区域旱情等级》（GB/T 32135—2015)[8]以及《农业干旱等级》（GB/T 32136—2015)[9]。《旱情等级标准》（SL 424—2008）推荐参考的农业旱情评估指标有土壤相对湿度、作物缺水率、降水量距平百分率、断水天数、连续无雨日数等，其中作物缺水率这一农业干旱指标对灌溉农业区水田和水浇地两种耕地类型都适用；《农业干旱等级》（GB/T 32136—2015）则采用作物水分亏缺距平指数、土壤相对湿度指数、农田与作物干旱形态指标进行农业干旱的界定；而《区域旱情等级》（GB/T 32135—2015）则参考了以上两标准，将农业干旱监测评估分为单站农业旱情监测评估和区域旱情监测评估，在单站旱情监测评估中推荐采用作物水分亏缺距平指数、土壤相对湿度指数、农田与作物干旱形态指标、降水量距平百分率和作物灌溉缺水率。以上标准推荐使用的主要干旱指标及适用范围见表 1.2～表 1.4。

表 1.2　《旱情等级标准》（SL 424—2008）推荐农业干旱指标适用表

农业类别	雨养农业区	灌溉农业区	
		水浇地	水田
适用指标	土壤相对湿度，降水量距平百分率，连续无雨日数	土壤相对湿度，作物缺水率	作物缺水率，断水天数

表 1.3　《农业干旱等级》（GB/T 32136—2015）推荐农业干旱指标适用表

序号	干旱监测评估指标	适用范围
1	作物水分亏缺距平指数	气象要素观测齐备的各种农区，且具有计算该指数的观测资料
2	土壤相对湿度指数	旱地作物区，且具有连续土壤水分观测资料
3	农田与作物干旱形态指标	农区旱情实地调查，以上两指标资料均不齐备时

表 1.4　《区域旱情等级》（GB/T 32135—2015）单站农业干旱指标适用表

指标	适用区域
作物水分亏缺距平指数	气象、水文要素监测齐备的灌溉农业区或雨养农业区
土壤相对湿度指数	墒情监测基础较好的灌溉农业区或雨养农业区
降水量距平百分率	墒情监测基础较差，但雨量检测基础较好的雨养农业区
作物灌溉缺水率	水文监测基础较好的灌溉农业区
农田与作物干旱形态指标	缺乏各种监测条件的灌溉农业区或雨养农业区

由表 1.2～表 1.4 可知，水利和气象行业在不同的阶段提出了不同的农业干旱指标，但是随着人们对农业干旱问题的理解不断加深，在传统农业干旱指

标上的认识基本趋于一致，主要为作物水分亏缺距平指数、土壤相对湿度指数、作物灌溉缺水率、农田与作物干旱形态指标等。此外，随着遥感技术的发展，植被指数、植被状态指数、地表温度、温度状态指数、昼夜温差、植被温度状态指数等干旱遥感监测指标也越来越受到广大研究者的青睐。

1.3 旱情研判技术

旱情研判是对当前旱情的监测评估和对未来时段旱情发展的预报，旱情研判技术主要包括干旱监测评估技术和干旱预报技术。

1.3.1 干旱监测评估技术

从 20 世纪初至今，干旱监测评估技术经历了由单指标向多指标综合发展以及由单一站点强度分析向强度-时间-范围多个特征变量综合分析发展的变化[10]。干旱监测评估主要通过干旱指标来度量体现，而对干旱监测评估指标的研究，大致经历了三个主要阶段：从单纯的气象学角度借助单一要素去刻画干旱，到综合考虑气象、水文、农业等因素的影响构建干旱评估指标，再到当前综合运用水文模型、计算机技术及多源数据融合技术等监测评估干旱。

20 世纪 60 年代以前，人们主要构建单一要素的干旱监测评估指标，当时大多以降水、蒸发和气温等为要素建立干旱评估指标，这段时间的干旱指标多从气候气象的角度借助单一要素数据源评估干旱。在 20 世纪初，人们认为干旱主要受降水的影响，无雨天数是当时主要的干旱指标；到 20 世纪 30 年代，人们开始考虑将降水和气温两个因素结合起来评估干旱，如综合考虑每月高温日数与降水总量，并将两者的比值作为旱情评估指标[11]。之后相关研究人员开始尝试考虑降水和蒸发来评价干旱情况，即用两者的水分收支情况来作为干旱评估指标[12]。这一阶段的评估指标具有简单、直观、资料易获取等特点，但由于不同地区降水、蒸发情况不一，存在一定的区域局限性。此外，降水量、蒸发、气温等指标虽然能在一定程度上反映干旱程度，但是不能反映出作物的受旱程度，仅能从宏观上反映干旱过程。

人们渐渐地意识到不能仅仅从降水、蒸发等气候气象的角度去评估干旱，干旱的发生是个复杂的过程，它会对工农业、生态及社会经济等多方面造成负面影响，因此研究者尝试从气象、水文、农业等不同行业的角度来构建干旱评估指标，同时尝试从多因素综合角度评估旱情。1965 年帕默尔干旱指标（Palmer Drought Severity Index，PDSI）的出现，标志着旱情评估工作由之前的定性经验判断变为定量化的评估，这一干旱指标的出现对于旱情研究具有里程碑式的意义[13]，该干旱指标由美国气象学家 Palmer 提出，综合考虑了土壤水、降水、径流和蒸发等要素，既可表示干旱持续时间和水分亏缺因素对干旱程度的影响，还可对干旱趋势的发展做简单的预测。PDSI 指标在我国最开始是范嘉泉等[14]（1984）对其做了简要的介绍，紧接着国内众多专家学者[15-20]从不同的角度对 PDSI 指标进行了修正分析及对其研究进展进行了探讨。在出现 PDSI 指标之后，作物土壤水分指标（Crop Moisture Index，CMI）、地表水供给指标（Surface Water Supply Index，SWSI）等逐步出现并作为干旱评估研究的指标。以上指标本质上是通过刻画水循环全过程中某一个或几个环节的缺水情况来度量干旱程度，与 20 世纪 60 年代之前的干旱评估指标相比具有一定的物理机制意义，地区适应性加强了。但同时以上指标对资料数据序列的长度、计算复杂程度和效率等提出了更高的要求。

20 世纪 90 年代至今，综合运用土壤墒情、卫星遥感、计算机以及多源数据同化融合等技术监测评估干旱受到广泛关注，人们更加关注干旱评估指标的标准化、综合化、精细化及业务化的应用水平，如标准化降水指数（SPI）、标准化降水蒸散指数（SPEI）、气象干旱综合指数（MCI）等。2000 年之后出现了应用 DM（Drought Monitor）方法，如 VCI（Vegetation Condition Index）、归一化水分指数（Normalized Difference Water Index，NDWI）和温度植被干旱指数（Temperature - Vegetation Dryness Index，TVDI）等基于卫星和航空遥感的干旱评估指标。此外，为解决单因素评估旱情造成的偏差，南京水利科学研究院顾颖等[21-23]在旱情监测多源数据融合方面做了深入的研究，提出了旱情多源信息同化融合的基本概念、思路及方法，从气象、水文、墒情、农情、遥感等数据源方面选取有代表性的干旱指标构建旱情综合评估体系，并在江西省和山西省的部分区域得到了应用。这一阶段的干旱评估指标经过标准化、综合化等处理后具有较灵活的时间计算尺度且有较强的空间移植性[10]。

农业干旱监测评估技术是干旱监测评估技术中的一类，即针对发生的农业干旱采取监测评估的方法和手段。农业干旱受气象、水文、种植结构、耕作制度、下垫面条件及人为因素等影响，其干旱监测评估指标也受自然和社会双重因素影响，一般可分为基于传统的农业干旱指标的监测评估技术和基于旱情遥感监测指标的监测评估技术两大类[24]。基于传统的农业干旱指标的监测评估技术，即基于土壤相对湿度、作物缺水率、降水量距平百分率、断水天数、连续无雨日数、作物水分亏缺指数、作物水分亏缺距平指数、农田与作物干旱形态指标等传统的农业干旱指标来表征农业干旱程度；基于旱情遥感监测指标的监测评估技术则是借助遥感数据构建相关模型监测评估干旱程度。传统的干旱监测评估大多对点状的、小范围的干旱监测能起到较好的效果，但在快速、动态、大范围的干旱监测评估方面显得优势不足，而遥感监测技术恰好弥补了传统干旱监测技术的不足，为农业干旱的动态、快速、准确监测开辟了新途径，卫星遥感干旱监测已成为全球抗旱减灾中不可或缺的手段[25]。表1.5列出了国内外旱情遥感监测主要指标。

表1.5 **国内外旱情遥感监测主要指标[6]**

指数名称	指数算法	模型介绍
土壤水分光谱法	$R = a\,\mathrm{e}^{bp}$	土壤水分含量大于5%时，随土壤水分含量的增加土壤反射率呈指数下降趋势。R 为光谱反射率；p 为土壤水分百分数；a，b 为待定系数
归一化植被指数 NDVI	$NDVI = \dfrac{R_{\mathrm{nir}} - R_{\mathrm{red}}}{R_{\mathrm{nir}} + R_{\mathrm{red}}}$	健康的绿色植被在 nir 和 red 波段反射的差异比较大，检测植被生长状态、植被覆盖度和消除部分辐射误差
距平植被指数 AVI	$AVI = NDVI_i - \overline{NDVI}$	
标准植被指数 SVI	$V_{ijk} = \dfrac{NDVI_{ijk} - \overline{NDVI}_{jk}}{\sigma_i}$ $SVI = \displaystyle\int_{V_{\min}}^{V} N(\overline{V},\ \sigma)\mathrm{d}V$	V_{ijk} 为第 k 年 j 时相 i 像元的 V 值；$NDVI_{ijk}$ 为第 k 年 j 时相 i 像元的 $NDVI$；$NDVI_{ij}$ 为 i 像元所有 j 季相的 $NDVI$ 平均值；σ_i 为多年第 i 像元 $NDVI$ 的标准差
旬距平植被指数 ATNDVI	$ATNDVI = (TNDVI - TNDVI_{\mathrm{average}})$；$TNDVI = \max\,[NDVI(t)]$ $t = 1,\ 2,\ 3,\ \cdots,\ 10$	通过多年遥感资料的积累，计算出常年植被指数与当年旬植被指数的差异，用"距平植被指数"来判断当年植被长势和旱灾的程度
植被状态指数 VCI	$VCI = \dfrac{NDVI_i - NDVI_{\min}}{NDVI_{\max} - NDVI_{\min}}$	VCI 能够较好地反应降水动态变化，可以作为植被受到环境胁迫程度的指标。VCI 为无量纲的量，变化范围从0到1
温度状态指数 TCI	$TCI = \dfrac{T_{\max} - T}{T_{\max} - T_{\min}}$	基于植被冠层或土壤表面温度随着水分胁迫的增加而增加的原理，与 VCI 具有等同意义的指示作用。T 代表某一年份研究时期的温度值，$T_{\max}$、$T_{\min}$ 分别为所有研究年限内时期温度的最大值和最小值
归一化多波段干旱指数 NMDI	$NMDI = \dfrac{R_2 - (R_6 - R_7)}{R_2 + (R_6 - R_7)}$	利用植物冠层吸收近红外，同时利用 1640nm 和 2130nm 波段对土壤和植被含水量水分吸收差异的敏感性，R 为反射率；2、6、7 为 MODIS 通道波段
最大温度植被指数 MTVI	$MTVI = \max\,(VCI,\ TCI)$	温度信息使 MTVI 在反映土壤湿度时敏感性增加，MTVI 综合了 VCI 和 TCI 的优点，对旱情监测有较好的反映

续表

指数名称	指数算法	模型介绍
植被健康指数 VHI	$VHI = aVCI + bTCI$	通过赋予 TCI、VCI 指数不同的权重，二者求和而得，综合了植被和温度的信息，用于旱情监测；在不同地区与时间，a 为 VCI 的权重；b 为 TCI 的权重
植被温度状态指数 VTCI	$VCTI = \dfrac{T_{s\max} - T_s}{T_{s\max} - T_{s\min}}$	VTCI 越小，水分含量越小，干旱程度越重。T_s 为植被的冠层温度；$T_{s\max}$ 为某一段时间植被的冠层温度最大值；$T_{s\min}$ 为某一段时间植被的冠层温度最小值
温度植被指数 TVI	$TVI = T_s / NDVI$	当植被受旱时胁迫时，为减少水分损失，叶面气孔会部分关闭，导致叶面温度升高，从而导致植被冠层温度升高，使得 TVI 的值升高
温差植被干旱指数 DVDI	$DVDI = \dfrac{\Delta T_s - \Delta T_{s\min}}{\Delta T_{s\max} - \Delta T_{s\min}}$	在相同植被条件下，随着土壤水分含量的增加，白天的温度上升缓慢，而晚上温度降低也缓慢，昼夜温差也较小。在这 $NDVI - \Delta T$ 空间中，旱边在上，湿边在下。ΔT_s 某一时刻昼夜温差，$\Delta T_{s\max}$ 为最大值；$\Delta T_{s\min}$ 为最小值
表观某一时段昼夜温差现热惯量 ATI	$ATI = \dfrac{1-\alpha}{\Delta T_s}$	地表热惯量的计算关键在于获得地表反照率，昼夜温差，地表热惯量的计算，建立热惯量和土壤水分的关系。ΔT_s 为某一时刻昼夜温差；α 为全波段反照率
表现热惯量植被干旱指数 AVDI	$AVDI = \dfrac{ATI_{\max} - ATI}{ATI_{\max} - ATI_{\min}}$	为了将热惯量模型应用于植被覆盖条件下，我们借鉴 $NDVI - T_s$ 空间的做法，建立 $NDVI - ATI$ 空间，这样可以比较在相同植被覆盖度条件下的表现热惯量的相对大小，从而获得在相同植被覆盖条件下土壤含水量的相对大小
温度植被干旱指数 TVDI	$TVDI = \dfrac{T_s - (a_2 + b_2 \times NDVI)}{(a_1 + b_1 \times NDVI) - (a_2 + b_2 \times NDVI)}$	以 T_s 和 $NDVI$ 为横纵坐标得到的散点图呈三角形或者梯形，这就是所谓的 $NDVI - T_s$ 空间。TVDI 越大，土壤湿度越低；相反，土壤湿度越高
光谱维-温度干旱指数 STDI	$STDI = a_1 \times NMPDI + a_2 \times MSPSI + a_3 \times VTCI + a_4 \times VCI$	综合反映土壤水分变化，地表蒸散变化、植被绿度变化以及植株水分变化；a_1、a_2、a_3、a_4 为待定系数

续表

指数名称	指数算法	模型介绍
垂直干旱指数 PDI	$$PDI = \frac{1}{\sqrt{M^2+1}}(R_{red} + MR_{NIR})$$	在可见光-近红外特征中,土壤湿度越大,越是靠近坐标原点。因而可以利用红光-近红外特征空间中点到直线 L(过原点的土壤线的垂线)的距离来表示土壤的干湿度,距离越大,表示土壤湿度越小
修正的垂直干旱指数 MPDI	$$MPDI = \frac{R_{Red} + MR_{NIR} - f_v(R_{v,Red} + MR_{v,NIR})}{(1-f_v)\sqrt{M^2+1}}$$ $$f_r = 1 - \left(\frac{NDVI_{max} - NDVI}{NDVI_{max} - NDVI_{min}}\right)^0$$	在通常情况下,植被的存在会应影响土壤光谱,因而引用植被覆盖度来提取土壤的光谱信息。在这里选择幂函数形式,可减小大气对结果的影响,另外,$NDVI_{max}$、$NDVI_{min}$ 可在时间范围内(整个时间序列上)和空间范围(整幅图像上)内进行调节
热红外法	$$W = a + bT_s \quad W = a\exp^{bT_s}$$ $$W = a + b\ln T_s \quad W = a(T_s)^b$$ $$W = 1/(a + bT_s)$$	热红外法适用于裸土或植被盖度很小的情况。利用热红外法确定土壤水分含量包含两方面的内容:一是测定地表温度;二是确定土壤中水分总量与地表温度之间的定量关系。W 为土壤含水量;T_s 为地表温度
半干旱区水分指数 SAWI	$$SAWI = \frac{R_{780} - R_{1750}}{R_{780} + R_{1750}}$$	利用近红外和短波红外波段的 $0.75\mu m$ 和 $1.75\mu m$ 构建了 SWAT 指数,与冠层含水量的相关性在春小麦不同生育期与不同年份均高于传统指数
短波红外垂直失水指数 SPSI	$$SPSI = \frac{1}{\sqrt{M^2+1}}(R_{SWIR} + MR_{NIR})$$	在 $NIR-SWIR$ 特征空间上,从任何一个点 $G(R_{SWIR}, R_{NIR})$ 到直线 L 的距离可以说明 FMC 和植被的水分情况,即离线 L 越远,FMC 越小,植被水分胁迫越严重。M 为 NIR-SWIR 基线斜率

从表 1.5 可以看出,利用不同的遥感数据源能构建不同的模型方法,主要可分为植被指数法、温度指数法和综合法三大类模型方法,各模型方法中常用遥感农业旱情监测指标有植被指数、植被状态指数、地表温度、温度状态指数、昼夜温差、植被温度状态指数等。

1.3.2 干旱预报技术

干旱预报是针对未来时段干旱发展的预测预报。随着计算机、卫星遥感技术、气-陆耦合技术等的发展，干旱预报技术也取得了显著的进步，技术手段变得更加多元化，预报精度也有了一定的提升。目前，干旱预报技术主要分为两大类：一类是基于统计学方法的干旱预报技术；另一类是基于物理模型的干旱预报技术[26]。

1.3.2.1　基于统计学方法的干旱预报

基于统计学方法的干旱预报是最传统也是应用较为广泛的干旱预报方法。该方法基于数理统计概率方法，由大量的历史观测资料构建数学模型，分析得出预报因子和预报目标变量之间的关系，模拟预测未来时段干旱变化趋势。目前常用于干旱预报的统计学方法有层次分析法、主成分分析法、回归分析法、时间序列法、马尔科夫链预测、灰色系统理论和人工神经网络等，以上方法已被广泛应用于干旱预测预报之中。例如，王春乙等[27]探讨了时间序列在干旱长期预报中的应用，朱晓华[28]、米财兴[29]则开展了干旱灾害时间序列分形特征研究；Barros 等采用主成分分析、小波分析等方法对澳大利亚东南部干旱进行了长期预测[30]；Lohani 等利用非线性马尔可夫链方法对干旱进行了评估和早期预警，张丹借助加权马尔可夫模型对干旱进行了预测[31]；Mishra 等采用前馈神经网络对干旱进行了预报，李晓辉等[32]利用 BP 神经网络与灰色模型预测干旱，李艳梅等[33]则运用模糊聚类和神经网络构建模型进行干旱等级预测。基于统计学方法的干旱预报不需要考虑复杂的干旱物理机制，而是通过大量的数据资料分析得出预报因子和预报目标变量之间的数值关系，因此该类方法的稳定性和可靠性通常比物理模型的干旱预报结果低。但是在实际的干旱预报工作中，缺乏长期的水文气象预报，难以确定水文、气象等因素与干旱预报变量的相关关系，因此该类方法在实际干旱预报工作中的应用相对较为广泛。

1.3.2.2　基于物理模型的干旱预报

近年来，随着大气环流模式、数值天气预报系统、水文/陆面模型的不断完善和发展，基于物理模型的干旱预报技术得到越来越多学者的青睐。这类方法也可称为气-陆耦合的干旱预报，即以数值天气预报和大气环流作为输入，驱动水文/陆面模型进而实现对干旱的预报。该方法综合考虑了大气水文要素、预报地区下垫面条件，具有较为明确的物理意义，越来越多的专家学者加入该方法的研究之列。例如，美国国家海洋和大气管理局（National Ocean and Atmospheric Administration，NOAA）气候预报中心建立的干旱预报系统（U. S. Seasonal Drought Outlook）以 PDSI 和 CMI 作为预报变量能实现季度和日尺度的干旱预报；Sheffield 等[34]综合运用气象水文、农业、卫星遥感等数据，经数据融合、校正，驱动水文/陆面模型，建立了非洲和南美洲干旱预报系统，实现了对农业、气象、水文等干旱的预报；南京水利科学研究院顾颖等[23]综合考虑水文、气象、农业等数据源，运用多源信息同化融合技术预测预报干旱；中国水利水电科学研究院吕娟等[35]提出了基于水文气象、墒情、遥感等多源信息，同时综合考虑土壤类型、灌溉条件等下垫面因素的干旱监测预报方法；张丹[36]研究了基于 GFS 降水预报信息的土壤湿度预报。总之，基于物理模型的干旱预报方法物理意义明确，但因其受气象水文等输入数据的质量、气-陆耦合模型等影响较大，该方法目前尚处于探索阶段，可操作性和预报精度等均有待于进一步提升。

农业干旱预报技术是干旱预报技术的一种，针对将来发生的农业干旱进行预报，按照预报方法也可分为统计学习方法和物理模型法，农业干旱预报模型根据干旱指标的不同又可划分为基于降水量的农业旱情预报模型、基于土壤含水量的农业旱情预报模型、基于综合性干旱指标的农业旱情预报模型三类。

1. 基于降水量的农业旱情预报模型

降水量的减少是引起农业干旱灾害的重要原因之一，且降水资料简单、直观、易获取，常用于评估农业干旱程度，故该类预报模型应用相对成熟。但降水量仅能从宏观上反映农业干旱过程，难以直接反映作物的受旱程度。例如，王密侠等[37]在介绍农业干旱指标研究进展时曾指出，虽然降水量指标可以反映出作物的干旱趋势，但是不能反映出作物的受旱程度。近些年，也有较多研究人员运用该法研究农业旱情。秦丽杰和袁帅[38]（2005）通过分析西平市近50 年的降水数据总结了该地区农业干旱演变规律并对其未来时段的农业旱情进行了推测。张凌云等[39]（2016）通过降水量距平百分率和 EDP 指数分别对柳州市的干旱年份进行划分，结果表明用降水量距平百分率划分结果更为合理，但也仅能大体上反映干旱年份。因此，降水仅仅是引起作物干旱的重要原因之一，不能直接反映作物生长缺水情况，基于降水量的旱情预报模型只能大致模拟预报旱情的发生过程，难以反映农作物的受旱程度，有待于进一步完善研究。

2. 基于土壤含水量的农业旱情预报模型

土壤含水量指标可通过农田水量平衡原理，较便捷地构建起植物、大气、土壤三者之间的土壤水分预报模型或水分交换关系，因此，基于土壤含水量指标农业旱情预报模型应用广泛。目前以土壤含水量为指标建立的农业旱情预报模型包括以实时监测的土壤墒情值为指标反映作物各个生长阶段旱情和依据农田水量平衡原理构建的预报模型。前者多应用于北方旱地，其最大优点是可以实时监测土壤含水量，但需布设相应墒情站点，加大了工作量。例如，范德新等（1998）通过对南通市各气象台、站、哨土壤墒情分析所建立的符合南通市实际情况的土壤湿度预测模式[40]以及王振龙（2000）在安徽进行的农业旱情预报研究[41]等都是基于土壤墒情值建立的干旱预报模型。依据农田水量平衡原理构建的预报模型则更多应用于南方水田地区，我国涌现出众多探索该模型的研究者。早期典型代表有：鹿洁忠所做的农田水分平衡和干旱的计算预报研究[42]；关兆涌和冯智文研究了水分平衡指标在农业干旱中的应用，并指出利用水分平衡指标概念清晰，考虑因素全面，基本能反映干旱过程变化，但从理论到实践操作还有待进一步研究[43]。李保国总结了前人的经验，建立了二维空间的"区域土壤水贮量预报模型"[44]。此后，该类预报模型研究比较有代表性的有：陈木兵在湘中采用三层蒸散发模型和蓄满产流原理，建立了土壤含水量干旱预报模型[45]；徐向阳等依据农作物的缺水率，参考农业旱情等级标准，构建了农业干旱发展过程模型，模拟农业旱情产生和发展全过程[46]；雷基富提出利用缺水率法预测雷州半岛农业旱情设想，以灌区水量平衡原理为基础计算作物缺水率，根据对未来时段来水和需水的推测，预测农业旱情趋势[47]。

总之，基于土壤含水量的农业旱情预报模型较基于降水量的农业旱情预报模型能更加直接、清晰地反映作物受旱程度，但因该类预报模型需考虑的不同区域水文地质、水利工程设施、作物种类等因素，计算参数复杂，具有鲜明的针对性和区域性。

3. 基于综合性干旱指标的农业旱情预报模型

农业干旱的发生过程涉及大气、植物、土壤等因素的影响，单一的用降水量或者土壤含水量作为干旱指标建立预报模型不能较好地应用于农业旱情预报，因此基于综合性干旱指标的农业旱情预报模型备受关注，研究者期望该预报模型可以更加全面、真实地反映农业旱情过程。尤其是随着遥感技术的发展，对该类模型的研究变得深入与多样化。早期，吴厚水等借鉴 Jackson等[48]和 Idso 等[49]提出的干旱指标 CWSI，结合国内现状以相对蒸散量和蒸发力建立作物缺水指标来评价作物干旱情况[50]。朱自玺通过对冬小麦水分动态分析建立的农业干旱预报模型[51]、胡彦华等建立的"作物需水量预报优化模型"[52]等都是基于综合性干旱指标建立的预报模型。随着遥感技术的发展，国内外专业学者又提出了较多新的综合性干旱指标，并以这些指标建立了许多行之有效的农业旱情预报模型。Hao 等总结归纳了近些年发展的综合干旱监测指数，认为美国干旱监测（USDM）模型是综合干旱监测模型中较成功的案例[53]，Wu 等提出了作物不同生育期的干旱监测模型并建立了适用于中国区域的综合干旱监测模型[54-55]，Rajsekhar Deepthi 等提出综合考虑降水、径流、蒸发以及土壤湿度等要素的多变量干旱指数（MDI），该指数可同时用于气象干旱、农业干旱和水文干旱的监测[56]。

综上所述，近年来国内外专家学者对农业干旱预报技术进行了卓有成效的探索，取得了一定进步，但仍未形成统一的旱情预报模型，且各预报模型方法还存在一些缺陷，有待于进一步研究完善。

1.4 农业旱情研判业务化现状

1.4.1 国外旱情研判业务系统

1. 美国"国家集成信息干旱系统"

美国在干旱监测预测业务化工作方面一直走在世界前列,美国干旱监测预警系统的建设开始于20世纪末。1998年夏天,美国国家干旱减灾中心与国家海洋与大气管理局气候预测中心开始合作,共同开发一个干旱分类系统,使其能够像龙卷风强度等级和飓风强度等级一样被公众认可。在干旱分类系统开发早期,美国农业部世界农业展望委员会也参加了进来。2001年春天,国家海洋与大气管理局下辖的国家气候数据中心也参与了合作,使得这一项目的实施力量得到进一步壮大。2003年,西部州长协会根据相关提议提出实施国家集成干旱信息系统的设想[57],这一项目正式定名为"国家集成干旱信息系统"(National Integrated Drought Information System,NIDIS),并在全国范围内运行[6]。NIDIS的特点之一是提供综合旱情结果,发布的"一张图"为防旱抗旱提供建议。在这"一张图"的背后,是多个旱情评估指标综合分析的结果,包括帕默尔干旱指数、土壤湿度指数、日流量指标、降水百分位数、标准降水指数和遥感植被干旱响应指数六个关键指标和帕默尔作物湿度指数、Keetch-Byram干旱指数、美国森林火险指数等多个辅助性指标。NIDIS的另一特点是建立了专家验证反馈机制,系统根据全国各地专家志愿者的反馈意见进行修改后得到最终结果,使得干旱监测评估更准确、更客观[58]。

2. "欧洲干旱观察"系统

欧盟启动了规模宏大的"欧洲干旱观察"(European Drought Observatory,EDO)项目的建设,在整个欧洲层面提供一致、及时的干旱信息,用于欧洲的干旱预测、评估和监测。该项目是在欧盟联合研究中心(Joint Research Centre of the European commission,JRC)实施"DESERT"行动的基础上,进行"欧洲干旱观察"系统开发。"欧洲干旱观察"项目主要目标是为欧洲提供一个干旱监测预测平台,为欧洲干旱的发生和演进提供及时、权威的信息。

"欧洲干旱观察"系统通过气象信息、水文参数和遥感数据对各类干旱指标的效果进行检验,使用的干旱指标包括标准化降水指数、土壤湿度、降水量指数和遥感指标等四大类,每类指标下都有更细的指标。例如,土壤湿度指标下有每日土壤湿度、每日湿度异常、土壤湿度异常预测、土壤湿度趋势预测、每日区域土壤湿度和区域土壤湿度异常等。

该系统的在线干旱监测信息服务方式主要分为两大类：一是实时干旱地图信息查询，内容有降水量、土壤湿度、湿度异常、干旱预测、干旱异常预测、吸收光合有效辐射比（fAPAR）等，查询的地图信息覆盖整个欧洲各国；二是自定义信息服务，可以自行定制查询的数据，包括选择具体国家或区域、时间跨度和干旱指标等，可以输出不同格式的具体信息。

3. 全球粮食和农业信息监测预警系统

1975 年，联合国粮食及农业组织（FAO）建立了全球粮食和农业信息及预警系统（GIEWS）与世界粮食计划署会联合执行作物与粮食安全评估任务（CFSAMs），其目的是提供及时和可靠的农业信息以便政府、国际社会及其他机构能够采取适当的行动，对全球粮食情况进行持续的考察和评估，定期出版印刷本及电子版形式的报告，对个别有潜在粮食危机的国家提供干旱预警。GIEWS 使用天气、农业自然条件以及经济、社会和政治等各方面的信息。信息来源包括对地卫星观测部门的气象信息、新闻单位如路透社、美联社以及其他新闻机构、各类研究报告等，同时也向各合作伙伴（粮农组织办公室、政府部门、非政府组织等）发放调查问卷。

GIEWS 监测全球主要粮食作物长势，评估粮食产品前景。为辅助分析和补充地基信息，GIEWS 采用了遥感数据，这些数据能够提供有关生长季节期间供水和植被状况的重要信息。除降水量估算和归一化差异植被指数（NDVI）外，GIEWS 及粮农组织气候、能源及权属司还开发了农业应力指数（ASI），这些指数，可以在早期甄别可能受到旱情（甚至极端情况下旱灾）影响的农业区域。

4. 英国干旱监测网络系统

2012 年伦敦奥运会前夕，英国遭遇严重旱灾，城市生活用水和工农业用水十分紧张。随后，英国政府高度重视干旱问题，大力开展干旱监测评估信息化工作。由英国生态水文中心牵头，于 2015 年创建了英国干旱监测网络系统。该系统采用降水、径流和地下水等相关因子指标进行干旱监测，生成全国范围的干旱监测图，定期网络发布。该干旱监测业务系统实现了标准化降水指数（SPI）和标准化降水蒸发指数（SPEI）两种指标的历史干旱指标序列计算，系统未来将考虑更多指标，如标准化径流指数和标准化地下水指数等。

5. 印度"国家农业旱情评估和管理系统"

长期以来不断出现的干旱灾害给印度的经济社会发展带来极大的影响。面对干旱灾害的威胁，印度较早地启动了干旱灾害预警系统的建设。印度空间部和农业部在 1989 年联合开发完成了"国家农业旱情评估和管理系统",这一系统利用了农作物信息、水库水位和地下水信息,结合遥感监测进行干旱监测预警,并提供用水评估。系统提供的服务包括农作物状况的影像和地图、与干旱相关的参数(如降水量与受影响区域)、农业干旱评估地图和报告等,每两周或一个月将报告通过邮件和网络的形式发布,用户包括印度农业部、减灾委员会、印度气象局和遥感应用中心等。

1.4.2 国内相关业务系统

与国外相比,我国旱情研判业务系统建设相对较晚,国家防汛抗旱总指挥部、水利、气象、农业等部门及部分省份纷纷开展了干旱监测评估相关的研究和信息化建设工作,显著地提高了我国干旱监测评估水平。

1. 国家防汛抗旱指挥系统工程

国家防汛抗旱指挥系统作为一项庞大、复杂的信息化应用的国家重点工程,采取分期建设的方式,先后开展了一期工程、二期工程建设。一期工程于 2011 年建成并得到广泛应用。一期工程中,基于常规的旱情信息统计工作和一期工程 5 个省(直辖市)重点易旱地区的旱情信息采集试点的建设,在水利部实施了抗旱管理应用系统建设,实现了旱情信息管理、统计、查询的初步功能。受各方面条件的限制,一期工程主要建设任务放在了防汛方面,旱情监测评估方面相对较弱。在二期工程中,进一步加强了抗旱信息系统建设的内容,在水利部、7 个流域机构、31 个省(自治区、直辖市)及新疆生产建设兵团建设具有旱情监视、旱情预测、旱情会商、旱情评估、旱灾评估、调水专题等功能的抗旱业务应用系统,并在水利部和黑龙江省进行遥感旱情监测系统的试点。二期工程中实现了农业、城市因旱饮水困难和区域综合的旱情评估。其中,农业旱情评估采用了作物水分亏缺距平指数、土壤相对湿度、降水量距平、作物灌溉缺水率和农田与作物干旱形态指数 5 种指标;城市和农村人畜饮水困难评估主要是依据上报的抗旱统计数据进行评估;区域综合旱情评估则是根据农业、牧业、因旱饮水困难 3 种评估结果,取最严重的等级作为区域评估的结果。通过国家防汛抗旱指挥系统工程建设,我国抗旱减灾能力有了显著提升。抗旱工作已经由传统的手工统计报表的落后手段、低时效性阶段走向信息化管理阶段,基本实现了监测信息的全面掌握和管理以及旱情旱灾的监视、分析和评估等。

2. 全国旱涝气候监测、预警系统

1995 年,中国气象局国家气候中心研制了"全国旱涝气候监测、预警系统"。该系统利用标准化降水、相对蒸散量和前期降水量等为基础的综合气象干旱指数(CI),对全国范围内的干旱发生、发展进行逐日监测,并结合数值预报产品对未来一周干旱演变发布预警信息。另外，在国家气象中心和国家卫星气象中心，基于土壤水分监测和卫星遥感的产品也应用到干旱监测业务中。国家气候中心联合国家气象卫星中心及中国气象科学研究院等单位进行每周一次的联合干旱会商会，参考土壤墒情和遥感干旱监测结果，发布干旱监测和预警公报。气象部门发布的干旱监测图主要是基于降水和温度等气象信息进行干旱监测，虽然集合了土壤墒情和遥感监测结果，但仅仅作为对最终干旱监测产品的参考。2004年国家气候中心和中国干旱气象网站开始分别发布全国逐日和旬干旱综合监测公报。

3. 农业农村部农业旱情遥感监测业务系统

农业农村部遥感应用中心建立了农业旱情遥感监测业务系统，系统的模型方法主要包括热惯量法、植被供水指数法、作物缺水指数等。该系统主要采用热惯量法和植被供水指数法对全国范围内的土壤水分进行反演，对于西北干旱区采用热惯量法进行反演计算，对于中西部、中东部区域采用植被供水指数法进行土壤水分反演计算。该系统实现了以旬为周期。全国土壤水分遥感监测，监测结果发布于农业农村部网站。

4. 江西省农业旱情监测预测系统

自2007年起，江西省水利科学研究院开始研究江西省农业旱情的监测和预测。针对全国干旱研究现状以及江西省农作物种植结构和干旱发生特点，建立了缺水度和缺墒模型，对近2万个13.33hm^2（200亩）以上的灌区进行独立计算，将新干县、德安县作为试点县进行研究。根据江西省以水稻种植为主的区域特点，引入遥感分析模型，初步建立了江西省农业旱情监测预测系统。

5. 其他省（自治区、直辖市）旱情监测预测业务系统

除江西省外，部分其他省（自治区、直辖市）也大力开展了省级干旱监测评估信息化建设。辽宁省建立了辽宁省抗旱减灾管理系统，其中的干旱监测部分主要是基于气象和水文信息，利用降水量距平指数、连续无雨日数、河道径流距平指数、水库蓄水指数等指标，采用分层次的加权平均方法得到综合干旱监测结果。陕西省气象局建立了陕西省干旱监测预测评估业务平台，研究了不同生态农业干旱区和不同自然天气季节的气象干旱监测评估指标体系，建立了基于MODIS卫星遥感资料，辅以气象和土壤墒情信息的干旱监测方法和综合干旱评估模型。云南省建立了云南省抗旱减灾业务应用系统，采用了气象、水文、土壤墒情等多源信息的综合干旱监测方法。此外，广东、宁夏、内蒙古、湖南、河北等省（自治区）也已经或正在进行干旱监测评估信息化建设，为各地抗旱决策提供了重要的支撑作用，提高了抗旱减灾能力。

1.5　以江西省为代表的南方丘陵区农业旱情研判技术

1.5.1　江西省农业旱情研判技术实践

　　我国北方地区耕地主要以旱地为主，可通过布设墒情站点和借助卫星遥感数据等手段实现对旱地旱情的实时监测，并且可获得相对准确的监测成果；但是我国南方丘陵地区主要以水稻种植为主，稻田常常需要灌水保证作物正常生长，因此难以利用墒情站点实测的墒情数据反映干旱情况，遥感数据监测的精度也有待提高。另外，南方丘陵地区地形高低起伏，小型水利工程星罗棋布，部分区域水库、山塘密集，水系发达，且在农业干旱监测预测上需要充分考虑水利工程对旱情的影响。例如，在一段时间内均高温无雨的区域，气象干旱指标降水量距平百分率、SPI 等均显示区域已达到干旱状态，若该区域作物种植区域关联的水库前期已蓄充足的水量，此时也不一定发生农业干旱。因此，南方丘陵区农业旱情研判需要充分考虑作物分布、水源工程情况、气象水文等要素，运用多源数据研判农业干旱。我国南方丘陵区省份大多还是根据经验加上相对单一的数据来判断当前干旱情况。如有部分区域仅仅根据降水量距平百分率或土壤墒情依靠经验判断旱情，因为未能充分考虑作物种植分布、水利工程在防旱抗旱中的作用等，所以实际工作中旱情研判结果有时存在一定的偏差。因此，我国南方丘陵区大多省份在农业旱情研判技术业务化应用层面还有较大的提升空间。

　　江西省在农业旱情研判技术方面也取得了一定的积累。江西省虽年降水丰沛，但因降水时空分布不均、作物需水期和降水期不匹配等因素，历年来江西省干旱多发频发，尤其是农业干旱对当地经济社会造成了严重影响，因此也涌现出一批对江西省农业旱情研判问题研究的专家学者。李荣舫等[59]提出了江西省农业旱情监测预测系统模型，在江西省农业旱情分区的基础上，考虑江西省耕地的组成（灌溉水田、水浇地、旱地），以及各类水利工程对灌区耕地的供水保灌，分别采用缺水度模型、缺墒模型对全省农业旱情进行监测预测分析。黄淑娥等[60]开展了江西省干旱遥感监测研究，结合江西省的干旱发生特点、天气条件和遥感信息源等分析，并对多种干旱遥感方法比较，认为采用植被供水指数法最适合本区域的干旱遥感监测应用。张秀平[61]针对江西省农业种植以水稻为主的特点，在借鉴已有遥感监测模型的基础上，选用 2000—2008 年 MODIS 数据产品及旱情上报资料进行分析，建立了适合江西省农业区的遥感旱情监测模型，并通过 2003 年江西干旱的实例验证了此模型。刘业伟等[62]以江西省 3 座以蓄水型水源为主的水田灌区为研究对象，在考虑水利工程对农业干旱影响的基础上，通过实地调查走访、理论联系实践的方式建立了各灌区的缺水度模型，预报农业旱情，结果表明缺水度模型比连续无雨日数更适合评估水田灌区干旱程度。由此可知，针对江西省农业旱情预报模型的研究，目前主要有缺水度模型、缺墒模型、遥感模型等，以上模型适应条件各不相同，且有各自优势。

1.5.2　主要技术难点

根据前文分析的农业干旱监测评估技术、预报技术的研究前沿热点、应用情况和现阶段我国南方丘陵区农业旱情研判实际业务工作中借助的手段方法可知，目前我国以江西省为代表的南方丘陵区农业旱情研判问题主要有以下几个技术难点：

（1）多源数据同化融合，构建农业旱情综合数据库。南方丘陵地区常常田地分块较小，水源呈"长藤结瓜"式分布，水源条件复杂，水稻田水面覆盖层相对较厚，客观全面地反映作物旱情需综合气象、水文、农业、水利、遥感等不同的数据源，构建一个符合区域实际的农业旱情综合数据库。由于以上数据源来自气象、水文等不同的行业或行政主管部门，要实现数据同化融合共享的前提就是要打破各个行业或部门之间的壁垒，去除"信息孤岛"，运用多源数据同化融合技术实现数据共享，构建完善成熟的数据共享机制，建立符合区域实际的农业旱情综合数据库。

除了在制度上要构建完善成熟的数据共享机制外，数据同化融合技术也是实现数据共享、构建农业旱情综合数据库的关键。数据同化融合技术近年来在气象预报中应用的越来越广泛，可有效提高天气预报精度。运用该技术将来自高空、大气、河流、植被、下垫面等监测信息有效融合同化，构成旱情多源信息总和，实现多源数据共享，构建农业旱情综合数据库。该技术虽然理论已相对成熟，但是目前在农业旱情研判方面的应用条件还不成熟，在农业旱情研判业务实际应用中尚处于起步探索阶段。

（2）构建适合的旱情研判模型。南方丘陵地区有水田、水浇地及旱地等耕地类型，不同耕地类型种植作物种类及作物需水、供水情况迥异，因此需构建适合不同耕地类型的农业旱情研判模型。目前，有的行业、部门或地区已构建了适合本地区、行业的旱情研判模型，但是如何结合各地干旱特点、耕地类型、水利工程分布、气候气象等因素构建一个适合全区域的旱情研判模型是当前的一个难点。因此，如能构建一个综合考虑我国南方丘陵地区地形地貌、气候水文、作物分布、水利工程分布、耕地组成等因素的旱情研判模型，可以有效地提高农业干旱监测预测精度。

（3）旱情研判结果的反馈及修正。提升农业旱情研判能力和水平不仅要通过多源数据同化融合共享、构建科学合理的旱情研判模型，还要对旱情研判结果及时修正反馈。相比洪涝灾害，历史旱灾信息和实时旱情的收集难度要大得多，而实时监测的干旱信息能及时修正干旱监测结果，因此，实地实时的作物干旱程度、田间水量等信息收集对旱情研判结果的反馈、修正意义重大。实时干旱信息分布广泛、涉及面多，该类信息的收集也是一大技术难点。

第 2 章

南方丘陵区农业干旱特征

 我国南方丘陵区水热丰沛，降水时空分布不均，田地零散，分块明显，具有显著的地域特征。同时，该区域为我国水稻的主要生产区，季节性干旱多发频发。水稻田农业旱情监测、预测的研究是当前世界关于干旱问题研究的热点和难点之一。本章结合南方丘陵区概况，分析南方丘陵区农业干旱特征及研判难点，可为研究该区域农业研判技术打下坚实基础。

2.1 南方丘陵区概况

2.1.1 自然地理

 南方地区是指东部季风区南部，秦岭—淮河以南，青藏高原以东地区，其地形地势东西差异大；丘陵是指海拔为 200.00～500.00m，相对高度一般不超过 200m，高低起伏，坡度较缓，由连绵不断的低矮山丘组成的地貌形态。我国的丘陵约有 $1.00 \times 10^6 km^2$，占全国总面积的 1/10。中国南方丘陵区位于东经 105°～120°，北纬 23°～33°之间，主要指华南丘陵区、云南丘陵区、四川盆地中部丘陵和东南部丘陵等低山地地区，包括湖南、江西、广东、浙江、福建等 15 个省（自治区）的部分或全部地区，大多由东北至西南走向的低山丘陵和河谷盆地相间分布[63]。

 南方丘陵区土地总面积约为 $8.60 \times 10^5 km^2$，约占全国国土面积的9.56%，耕地面积近 $2.40 \times 10^7 hm^2$，是我国重要的农业生产基地[64]。20 世纪90 年代，该区域以不足全国耕地总面积 12%的耕地养活了全国近 30%的人口[65]。该区域在气候、地形、水资源和土壤等方面和北方平原不同，有强烈的地域性，如农田多为梯田，面积小且形状无规则，降水量丰富，存在着季节性干旱等。

2.1.2　水热条件

南方丘陵区位于亚热带季风气候、热带湿润季风气候区内，气候资源十分丰富，具有得天独厚的水热气候资源，有利于农业生产。该区域降水丰沛、四季分明、热量充足，是我国水稻种植的主产区，同时由于降水时空分布不均、作物需水高峰期与降水集中期不匹配等因素，局地季节性干旱多发、易发，具体表现在以下几方面：

（1）降水丰沛，时空分布不均，季节性干旱易发。南方丘陵区年降水量为1000～2000mm，是中国降水丰沛地区之一，地表径流量大。但降水时空分布不均，4—6月降水最多，占全年降水总量的50%～60%，7—10月出现高温暑热，是水稻需水高峰时期，但降水较少，因此易导致季节性干旱。

（2）区域四季分明。春夏潮湿多雨，秋冬寒冷干爽，夏季多为东南风，冬季转偏北风。

（3）热量充足，无霜期长。日照时间在1400～2300h，大部分地区为1700～2000h，具有强大的光合作用潜力[66]；年均气温在14.5～22℃，10℃以上活动积温为5000～6000℃，无霜期为235～300d。

2.1.3　农田分布

南方丘陵区地势连绵起伏，地形复杂，在长期的农业生产实践中，形成了水田、旱地交错并存的农田分布格局。用于水稻耕种的水田，多分布于河流两岸、地势较低水源有保障的地方，且水田质量较好，土层深厚，地势坡度较缓。由于丘陵区地形的特点，这些水田的分布与平原地区不同[67]。

（1）零散分布，规模较小。以湖南湘东丘陵区为例，一个生产组通常由10多个农户组成，占有水田面积规模比平原地区小。

（2）地块零碎，形状不规则。农田地块分布零碎，田块面积不大，田地常被分割成错落的小块，形状不规则，有一定规模且成规则分布的田块相对较少。

（3）梯田错落，邻地悬殊。与平原地区相比，丘陵区水田多为梯田结构，呈一定的坡度分布，土地质量均一性差，土壤水分、养分的分布组合随地形的变化表现出极大的差异，导致相邻地块间可能存在比较显著的质量差异。

这种农田分布的特点不利于农业生产机械化作业，同时因高低起伏、田块分离的地块格局，部分区域不利于修建灌溉设施，增加了灌溉成本，特别是无灌溉配套设施的水稻种植区域，遭遇连续高温无雨天气时极易形成干旱。

2.1.4　农田水利

南方丘陵区属亚热带季风气候，降水量丰沛、热量充足[68]，水资源丰富，多取用地表水进行灌溉。灌溉水源来自于兴修的水库、山塘的降雨蓄水或河流拦坝引水。目前，南方丘陵区共有大型水库 173 座，总库容 $1.42 \times 10^{11} \mathrm{m}^3$，占全国总量的 25.3%[63]。灌溉水源按照工程种类的不同可分为蓄水工程、引水工程、提水工程和地下水源工程等。蓄水工程水源指水库、山塘、鱼塘等蓄水性水源；引水工程水源主要指从河流筑坝引水灌溉的水源；提水工程水源主要指采用机电提灌方式抽水灌溉的水源；地下水源主要指通过抗旱机井取水灌溉的水源。

灌溉水输送方式一般采用渠道输水，抗旱季节通常辅助采用机电提灌方式。20 世纪 60—80 年代，农村修建了不同类型的提水泵站和田间输水渠道等水利设施，但随着年岁逐渐久远，水利设施得不到应有的维护，水资源供需矛盾日益突出，灌溉水利用系数整体偏低，农田供水出现很多问题。

2.2　南方丘陵区典型农业干旱及特征

2.2.1　典型农业干旱灾害

南方丘陵区由于特殊的地理气候特征、作物需水期与降水分布不协调以及特殊的土壤结构等原因，造成区域性干旱、夏秋季节性干旱。湖南、湖北、江西等地均出现过非常典型的农业干旱灾害。

1. 湖北省近年典型旱灾

1988 年旱灾，湖北省受灾面积 $1.80 \times 10^5 \mathrm{hm}^2$，粮食减产 $3.0 \times 10^9 \mathrm{kg}$，棉花减产 $1.70 \times 10^7 \mathrm{kg}$，受灾人口占农村人口的 51% 以上。

1998 年 8 月下旬至 2000 年 6 月中旬，鄂北岗地连续 3 年发生大旱，田地龟裂，作物干死，局部地区人畜饮水十分困难，经济损失极其惨重。

2000 年湖北省旱情发展主要分为两个时段：一是历史罕见的冬春连旱，从 1 月至 5 月中旬，湖北省受旱范围占国土面积的 80% 以上，高峰时农田受旱面积达 $2.53 \times 10^6 \mathrm{hm}^2$，有 72.18 万人、398.45 万头大牲畜饮水困难；二是越演越烈的伏旱，6 月底至 8 月中旬，夏旱迅速蔓延，尤其是伏旱的威胁日益突出。特别是鄂东、鄂东南的黄冈、鄂州、黄石、咸宁等地伏旱的严重程度为历史少见，高峰时受旱农田面积达 $1.0 \times 10^6 \mathrm{hm}^2$，有 211.14 万人、129.68 万头大牲畜饮水发生困难。

2010 年 11 月至 2011 年 5 月，长江中下游降水持续偏少，湖北省大部分地区降水量比常年同期偏少五成，北部地区偏少 60%～80%，发生了较严重的冬春连旱。监测显示，湖北鄂西北半年降水量在 100mm 以内，北部地区降水量在 150mm 以内，与历史同期相比，少一半以上；据统计，湖北省 40 多万人饮水困难，水产养殖受灾面积达 $2.33 \times 10^5 hm^2$，受旱农田面积超过 $4 \times 10^4 hm^2$。

2013 年湖北全省发生了两个时段干旱，中部及北部区域遭遇连续第四个干旱年，形成冬春和夏初的跨年跨季严重干旱，7 月下旬至 8 月中旬演变成全省高温极值干旱，达严重干旱等级。

2018 年 7 月 13 日开始，湖北省出现了大范围高温天气，7 月 21 日，除个别高山站外最高气温均超过 35℃，63 个县（市、区）超过 37℃，兴山最高达 40.2℃。2018 年 7 月 13—23 日，湖北省农业受灾面积达 $3.24 \times 10^5 hm^2$，成灾面积达 $6.93 \times 10^4 hm^2$，绝收面积达 $6.0 \times 10^3 hm^2$。其中，水稻受灾面积为 $1.08 \times 10^5 hm^2$，玉米受灾面积为 $7.22 \times 10^4 hm^2$，花生受灾面积为 $2.88 \times 10^4 hm^2$。

2. 湖南省近年典型旱灾

2011 年 5 月，湖南省 14 个市（地、州）出现不同程度旱情，特别是湘中、湘北的旱情十分严重，全省受旱面积达 $1.5 \times 10^5 km^2$，占全省国土面积的 70%，87 个县（市、区）近 $8.61 \times 10^5 hm^2$ 农田受旱，其中作物受旱面积达 $4.47 \times 10^5 hm^2$（重旱面积 $1.33 \times 10^5 hm^2$），耕地缺水缺墒面积为 $4.14 \times 10^5 hm^2$；导致 118 万人口、57 万头大牲畜因旱饮水困难，157 个集镇不能正常供水，湘北、湘中的岳阳、益阳、常德、张家界、娄底、邵阳等市（地、州）旱情尤为严重。

2013 年 7 月 1 日至 8 月上旬，湖南省平均降雨量为 38.1mm，历年同期均值为 124.8mm，其中，娄底、湘潭、邵阳、衡阳降雨量分别仅为 3mm、4mm、9mm、10mm，偏少九成以上，湘中及其以南地区未产生有效降雨，14 个市（地、州）120 个县（市、区）2120 个乡（镇）30155 个村受旱，75% 以上的国土面积出现不同程度的旱情，湘中大部及湘西南部分地区出现了中度以上干旱，其中衡阳、邵阳、娄底、长沙、湘潭、株洲、怀化等市州的部分地区重度干旱；此次干旱导致湖南省 246 万多人、96 万多头大牲畜出现饮水困难，农作物受旱面积为 $1.21 \times 10^6 hm^2$，其中，重旱面积为 $5.41 \times 10^5 hm^2$、干枯面积为 $2.37 \times 10^5 hm^2$，3066 条溪河断流（其中流域面积 $50 km^2$ 以上的 291 条），2148 座小型水库、16.5 万处山塘干涸，分别占总数的 15.7%、8.3%。

2016 年秋末至 2017 年 5 月，湖南省降水异常偏少，全省出现持续干旱。在长达 200 多天的时间里，有 66 个县（市）的雨量为近 60 年气象记录中的最小，大部分地区降水量比常年同期偏少 50%，北部地区偏少 60%～80%，千余座水库水位降至死水位以下，水库有效蓄水基本用完。

2017 年 1—5 月，湖南累计平均降水量比历年同期均值偏少五成，为新中国成立以来同期降水最少的年份。受此影响，湖南大部分地区发生干旱，特别是岳阳、常德、益阳等 6 市受旱严重。干旱高峰期全省共有 87 个县（市、区）受旱，82 万人、15 万头大牲畜因旱饮水困难。

2018 年 4 月 1 日至 8 月上旬，受持续晴热高温天气影响，湖南省四大河流——湘、资、沅、澧的来水总量为 5.34×10^{10} m^3，较历年同期均值偏少 47.8%；各类水利工程蓄水量偏少，湖南省以灌溉为主的水利工程共蓄水 1.15×10^{10} m^3，较历年同期偏少 26%，导致湖南省有 85 座小型水库干涸，660 余座小型水库水位在死水位以下，209 条溪河断流，尤其是株洲、湘潭、衡阳、娄底等地大部分地区旱情严重。

3. 江西省近年典型旱灾

2003 年，江西省发生特大干旱，农作物受旱面积为 1.06×10^6 hm^2，成灾面积为 8.53×10^5 hm^2，绝收面积为 2.48×10^5 hm^2，减产粮食 2.44×10^9 kg，全省因旱造成 297 万城乡居民出现饮水困难，因干旱直接经济损失达 67 亿元。

2007 年，由于久旱无雨、连续高温和水库蓄水量较少，江西省内尤其是赣中地区旱情严重，旱情向南北延伸，江西省于 7 月 31 日启动三级抗旱应急响应；截至 8 月 8 日，全省农作物受旱面积高达 6.98×10^5 hm^2，147.96 万人因旱发生饮水困难，成为全国受旱最严重的地区之一。

2011 年，江西省降水异常偏少，降水量较多年同期平均值偏少五成左右，1 月 1 日至 4 月 30 日，全省平均降水量为 227mm，仅为多年平均的 49%，入汛后的 4 月 1—30 日，全省平均降水量为 90mm，仅为多年平均的 42%，出现历史罕见春夏连旱；截至 5 月 19 日，全省已栽种的早稻受旱面积达 1.29×10^5 hm^2，超过 7.60×10^4 hm^2 中稻无水泡田翻耕，33 万人口饮水困难。

2013 年 7 月 16 日至 8 月 11 日，江西省平均降水量仅为 34mm，比同期均值少 70%，有 15 个县（市、区）降水量不足 10mm；据 8 月 11 日干旱高峰期统计，江西省耕地受旱面积达 6.40×10^5 hm^2，作物受旱面积达 4.50×10^5 hm^2，66 万人因旱发生不同程度的饮水困难，全省共有 429 座小型水库干涸，80 条小型河流断流，赣江、抚河、信江及其支流 27 个站出现有记录以来的最低水位。

2.2.2　干旱特征

南方丘陵区与北方相比，在农业干旱方面有较为显著的干旱特征，具体主要表现在以下几个方面：

（1）局部干旱多发，区域性特点显著。受特殊地形地貌及气象水文等条件影响，南方丘陵区几乎年年有旱情，特别是局部干旱多发。局部干旱多呈点状或片状分布，往往发生在一个较小的区域范围（例如一个小流域），区域性特点明显。

（2）季节性干旱频发，以夏秋旱或秋冬旱为主。我国南方丘陵大部分区域处于"雨养"农业生产系统，农业生产对水的需求主要依靠自然降水的方式获得，以水稻为主的作物生长期，集中在占全年降水量 60% 的夏秋两季。因此，该区域季节性干旱频发多发，多为夏秋旱或秋冬旱，个别年份还有秋、冬、春连旱。因为我国东中部地区处于季风气候区，雨量高度集中于夏季，秋冬季雨量偏少。遇到雨量偏少的年份，虽然夏季降水大幅减少，一般仍可满足作物生长需要，但本来雨量就相对少的秋冬季降水偏少，就会严重影响作物生长需要，对于一年二熟、三熟的南方来说，会造成农业严重减产。同时，近年来的秋冬干旱已不是一般的降水减少的问题，而是降水大幅度严重减少。

（3）干旱影响范围大、持续时间长。由历史干旱灾害记录可知，南方丘陵区干旱影响范围广、持续时间长。例如，2000 年南方丘陵区发生严重干旱，波及我国南方多省；2003 年江南和华南、西南部分地区发生严重伏秋连旱，其中湖南、江西、浙江、福建、广东等省部分地区发生了伏秋冬连旱，旱情严重；2009 年云南连续近三个月干旱，云南省农作物受灾面积超过 1.0×10^6 hm²，其中昆明山区就有面积达 1.9×10^4 hm² 的农作物受旱，10 万余人饮水困难。

2.3　南方丘陵区农业旱情研判

南方丘陵主要农作物为水稻，与北方以旱地作物为主的种植结构相比存在较大差异。北方特别是平原地区，旱作物采用卫星遥感、土壤墒情监测等手段能较好地取得农业干旱研判效果；南方丘陵地区田地分块较小，部分水稻种植区水源呈"长藤结瓜"式分布，水源条件复杂，水稻田水面覆盖层相对较厚，通过借助单一的卫星遥感及土壤墒情等手段难以快速、准确地对作物干旱程度及趋势做出研判。南方丘陵区域农业干旱研判存在的难点具体如下：

（1）影响因素多，监测难度大。南方丘陵区为我国水稻种植的主产区，实现对水稻旱情全面的监测包括土壤墒情、河道水位、水库水位、卫星遥感、地下水位、降水等实时数据，涉及面甚广；同时，南方丘陵部分区域水田分块严重，水系纵横交错，水稻种植区往往来水点、出水点繁多，难以对供水量和用水量进行全面监测。

（2）监测部门多，建库难度大。干旱是大气-土壤-植被-水文-生态-社会经济之间相互作用发展的缓慢变化过程，农业干旱监测涉及水利、水文、农业、气象等行业或部门监测数据，涉及面较广。因此建立农业旱情综合数据库需要打通部门之间的壁垒，构建完善成熟的数据共享机制，借助多源数据构建农业旱情综合数据，有利于全面科学地研判农业干旱。

（3）旱情研判模型业务应用难度大。目前不同的部门或行业探索、发展了不同的旱情研判模型，不同的模型有不同的适用范围。我国南方丘陵区地形复杂、气候水文条件迥异，很难通过一种模型对全区域实现农业旱情研判。鉴于南方丘陵区干旱发生存在时空差异性，为满足区域农业旱情研判需求，需要针对各地干旱特点，提出适合不同地区的旱情研判模型，而且需要解决局地旱情研判和全区域旱情研判有效统一的问题。旱情研判模型的研究、提出、验证以及应用需要一定的时间，模型业务应用难度较大。

2.4　小结

本章介绍了南方丘陵区基本概况，并结合湖北、湖南、江西等省份近年干旱灾情，分析了南方丘陵区农业干旱特征。根据国内外旱情研判系统业务化工作现状，指出现阶段农业旱情研判存在影响因素多、监测部门多和研判模型业务应用难度大等难点。

第 3 章

研究区农业干旱防御现状

　　江西省作为我国南方丘陵区的典型省份之一,其自然地理、气候气象和农业干旱特征等均是我国南方丘陵区的典型代表,同时江西省对农业干旱问题重视早、研究早、积累多,因此本章以江西省为南方丘陵区的典型研究区,系统介绍了研究区概况、历史干旱特征、农业旱灾防御现状及存在问题等。

3.1　研究区的选择

　　南方丘陵区水热条件充足、降水丰沛,但是时空分布不均,耕地类型多,农作物以水稻为主,同时兼有花生、棉花、油菜等经济作物,水利工程多而杂,田块多零碎,作物种植区水源复杂,常常呈现"长藤结瓜"式分布。受特殊的气候及自然地理条件等因素影响,该区域季节性干旱明显,与平原地区相比有显著的干旱特征。南方丘陵区是我国粮食主产区之一,其干旱影响直接关乎我国粮食安全,所以研究该区域农业旱情研判技术意义重大。鉴于南方丘陵区涉及面积大、范围广,本书以江西省为典型研究区为例介绍南方丘陵区农业旱情研判技术实践。

　　江西省是我国粮食生产大省和国家商品粮基地,2016 年全省以占全国 1.73% 的国土、2.28% 的耕地,生产了占全国 3.47% 的粮食,养活了占全国 3.3% 的人口,是我国重要的稻谷主产区之一。全省大约有 $3.0 \times 10^6 \, hm^2$ 的水稻种植面积,稻谷年均产量约为 $1.50 \times 10^{10} \, kg$。而我国南方丘陵地区水热条件充足,历来是我国水稻种植的主要区域,江西属于其中的典型代表。

　　由于气候变化、水资源分布不均、地形地貌不一、降水时空分布与农作物生长期不匹配等因素,农业干旱灾害已成为影响江西省农作物正常生长的主要自然灾害之一,江西省历史上农业干旱多发、频发。据统计,1990—2018 年,江西省大范围旱灾有 20 次,其中,1991 年、2003 年、2007 年、2011 年、2013 年均发生典型干旱灾害事件。因此,江西省也积累了较为全面的干旱资料。

江西省耕地类型全面，水利工程众多。江西省的耕地主要包括水田、水浇地、旱地等，种植作物涵盖水稻、花生、棉花、西瓜、油菜、甘蔗等，作物种类多；在南方丘陵区，水利工程是影响是否因旱致灾的重要因素，江西是水利大省，包括蓄水工程、引水工程、调水工程及提水工程等各类水利工程，水利工程设施种类齐全、分布广泛，能较好地代表南方丘陵地区。

江西省对干旱问题重视早、研究早、基础好。2003 年江西省遭遇特大干旱，全省粮食减产 2.44×10^9 kg，因旱造成 297 万城乡居民出现饮水困难，因旱直接经济损失高达 67 亿元。为此，江西省水利厅将防旱抗旱工作列入日常重要工作内容，大力支持江西省水利科学研究院开展江西干旱问题研究，开展了江西省中型以上灌区旱情调查、江西省旱情监测预测与信息管理系统研发、江西省农业旱情研判系统建设等相关工作，积累了大量的基础数据和工作经验。

江西省作为非常典型的南方丘陵区，农业干旱研判技术的研究对于整个南方丘陵区均有较好地借鉴作用。因此，本书选择江西省作为研究区，介绍南方丘陵地区农业旱情研判技术探索与实践。

3.2　研究区概况

3.2.1　自然地理

江西省地处中国东南部，位于长江中下游南岸，地跨东经 113°34′～118°29′、北纬 24°29′～30°05′之间，古称"吴头楚尾，粤户闽庭"，乃"形胜之区"，东邻浙江、福建，南连广东，西靠湖南，北毗湖北、安徽而共接长江，边缘山岭构成省际天然界线和分水岭。全省面积为 1.67×10^5 km²，约占全国土地总面积的 1.73%，设有赣州、吉安、宜春、上饶、抚州、九江、南昌、新余、萍乡、鹰潭、景德镇 11 个设区市，100 个县（市、区），省会南昌。江西为长江三角洲、珠江三角洲和闽南三角地区的腹地，与上海、广州、厦门、南京、武汉、长沙、合肥等各重镇、港口的直线距离大多为 600～700km。

3.2.2　地形地貌

江西省地形以山地、丘陵为主，山地占全省面积的 36%，丘陵占 42%，岗地、平原、水面占 22%。全省东南西三面省境边陲群山环绕，中部丘陵、盆地相间，地面开阔，平原坦荡，河湖交织，地势南高北低，由周边向中心缓缓倾斜，形成一个以鄱阳湖平原为底的不对称的箕形盆地。东、南、西为中山、中低山及低山，海拔一般为1000～1500m；中南部丘陵区地形比较复杂，低山、丘陵、岗地与盆地交错分布，海拔为50～600m；北部鄱阳湖平原为五大水系冲积、淤积而成的滨湖平原，海拔低于50m。

江西地形地质条件复杂，地面坡度小于10°的面积约占全省土地面积的61.5%；10°～25°的面积约占全省土地面积的36.5%；大于25°的面积约占全省土地面积的2.0%。全省岩土体大致以浙赣铁路为界，地层分赣北、赣中南两大区；北区前震旦浅变质岩系及下古生界发育齐全、出露广泛，上古生界、中生界发育出露均较差。南区广泛出露前泥盆系浅变质岩系、上古生界、中生界地层发育良好。省内岩浆岩（侵入、喷发）期次繁多，以燕山期花岗岩最为发育，主要分布于九岭、武夷、雩山及赣南等地。省内地质构造分属两大单元：赣北位于扬子准地台东南缘，赣中南处华南褶皱系东北域。构造形迹以一系列北北东、北东及近东西、南北走向较密集的褶皱、断裂和断陷盆地为主。断裂构造以北东向最发育，规模最大，东西向及北东向次之。其主要表现为：常有断层崖、三角面，切割白垩至第四纪地层，控制地表水系格局，常有温泉出露等。

3.2.3　气象水文

江西省属中亚热带湿润季风气候，四季更替分明，春暖、夏热、秋燥、冬冷。全省平均日照数大部分地区为1300～2100h，多年平均日照数约为1688h；年平均气温为16.3～19.7℃，多年平均气温约为18℃；平均无霜期为240～307d。全省具有较明显的季风特征，冬季盛行偏北风，夏季偏南风，但局部地区风向季节演变规律常受当地条件扰动。各地盛行风向与地形走向比较一致，鄱阳湖盆地及赣江流域盛行偏北风，信江、袁河流域盛行偏东风。风速受地形条件的影响也较为明显，以鄱阳湖区的风速最大，庐山市平均风速3.8m/s，为全省之冠；赣西北、赣东北等山丘风速较小，德兴市平均风速为1.0m/s，是全省最小。地面风速存在较明显的季节变化特征，一般冬春季风速较大，夏秋季风速较小。

全省降水丰沛，多年平均降水量为1341～1939mm，最大出现在资溪县，最小出现在德安县，相差598mm。全省年降水量分布形状呈马鞍形，总的趋势是四周山区多于中部盆地，赣东地区降水量大于赣西地区降水量，山丘区降水量大于平原区降水量。降水量最大中心出现在赣东地区，最小中心出现在赣北平原与吉泰盆地。全省年降水量年际变化一般不大，年内分配不均，降水量集中在汛期，汛期降水量占年降水量的60%～70%。全省各地多年平均蒸发量为700～1100mm（E601型蒸发皿测量值），总趋势是山区蒸发量小于丘陵蒸发量，丘陵蒸发量小于平原蒸发量。江西省多年平均降水量、蒸发量年内分配见图 3.1。

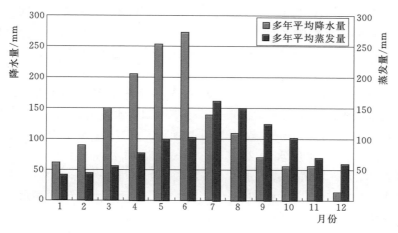

图 3.1 江西省多年平均降水量、蒸发量年内分配

3.2.4 河湖水系

江西省河流众多，境内流域面积为 $10 km^2$ 以上的河流 3771 条，总长 $1.84 \times 10^4 km$，绝大部分河流汇入鄱阳湖流域，形成鄱阳湖水系。鄱阳湖水系以赣江、抚河、信江、饶河、修河五大河流为主体；此外，还有直接入湖的清丰山溪、博阳河、漳田河、潼津河等，鄱阳湖流域汇水面积为 $1.62 \times 10^5 km^2$，其中在江西境内的面积为 $1.57 \times 10^5 km^2$，占全省国土面积的 94%。全省境内不属于鄱阳湖水系的主要河流主要有：直接汇入长江的南阳河、长河、太平河、襄溪水；汇入富水的双港河、洪港河；汇入洞庭湖水系的渌水、栗水、汨水；汇入珠江流域东江的寻乌水、定南水；汇入北江的浈水；汇入韩江的大柘水、富石河、差干河等。直接入江或流向省外河流的面积约占全省面积的 6%。全省多年平均河川径流量为 $1.54 \times 10^{11} m^3$，平均年径流深为 925.7mm。

全省湖泊众多，主要分布于五河下游尾闾地区、鄱阳湖湖滨地区及沿长江沿岸低洼地区。境内有我国第一大淡水湖——鄱阳湖，鄱阳湖接纳赣江、抚河、信江、饶河、修河五大河流来水，经湖区调蓄后过湖口汇入长江。鄱阳湖为吞吐型、季节性湖泊，由众多的小湖泊组成，包括军山湖、青岚湖、蚌湖、珠湖、新妙湖等湖体。此外，湖面面积较大的湖泊主要还有：赤湖（$80.4 km^2$）、太白湖（$20.7 km^2$）、赛城湖（$38.4 km^2$）、瑶湖（$17.7 km^2$）、八里湖（$16.2 km^2$）、洋坊湖（$15 km^2$）等。

3.2.5 水资源

根据《2016 年江西省水资源公报》[69]，江西省多年平均水资源总量为

$1.565 \times 10^{11} m^3$，2016 年全省地表水资源量为 $2.20 \times 10^{11} m^3$，比多年平均值多 42.6%，地下水资源量 $5.02 \times 10^{10} m^3$（其中，与地表水资源不重复计算量 $1.78 \times 10^9 m^3$），比多年平均值多 32.1%；水资源总量为 $2.22 \times 10^{11} m^3$，比多年平均值多 41.9%。2016 年年末，全省大中型水库蓄水总量为 $1.14 \times 10^{10} m^3$，比年初少 $1.88 \times 10^9 m^3$。

2016 年全省供水总量为 $2.45 \times 10^{10} m^3$，占全年水资源总量的 11.0%。其中，地表水源供水量为 $2.35 \times 10^{10} m^3$，地下水源供水量为 $8.18 \times 10^8 m^3$，其他水源供水量为 $2.05 \times 10^8 m^3$。全省总用水量为 $2.45 \times 10^{10} m^3$，其中，农田灌溉用水占 59.3%，工业用水占 24.7%，居民生活用水占 9.1%，林、牧、渔、畜用水占 3.5%，城镇公共用水占 2.5%，生态环境用水占 0.9%。全省人均综合用水量为 $534 m^3$，万元 GDP（当年价）用水量为 $134 m^3$，万元工业增加值（当年价）用水量为 $82 m^3$，农田灌溉亩均用水量为 $551 m^3$，农田灌溉水有效利用系数 0.495，林果灌溉亩均用水量为 $180 m^3$，鱼塘补水亩均用水量为 $232 m^3$。城镇居民人均生活用水量为每日 $0.164 m^3$，城镇人均公共用水量为每日 $0.07 m^3$，农村居民人均生活用水量为每日 $0.097 m^3$。全省废污水排放量为 $4.43 \times 10^{12} kg$，其中，城镇居民生活污水占 24.7%，第二产业废水占 67.9%，第三产业废水占 7.4%。

3.2.6 水利工程

目前，江西全省已建成各类水利工程 160 余万座（处），其中，堤防 $1.3 \times 10^4 km$，水库 1.08 万座，水电站 3955 座，集中供水工程 2.9 万处。全省总灌溉面积为 $2.12 \times 10^6 hm^2$，除涝面积为 $4.22 \times 10^5 hm^2$，综合治理水土流失面积为 $5.610 \times 10^4 km^2$，构建了较为完善的防洪减灾工程体系、供水安全保障体系和生态安全保护体系[70]。

据全国第一次水利普查资料统计，全省共有大型灌区 19 处，灌溉面积为 $4.0 \times 10^5 hm^2$；中型灌区 295 处，灌溉面积为 $4.41 \times 10^5 hm^2$；面积为 $3.33 hm^2$（含）～$666.67 hm^2$ 的灌区 49279 处，灌溉面积为 $9.51 \times 10^5 hm^2$。

3.2.7 社会经济

2016 年年末，江西省下设 11 个地级市，辖 11 个县级市、66 个县、23 个市辖区。全省共有 55 个民族，其中汉族人口占 99% 以上；全省总人口为 4592 万人，其中城镇人口为 2438 万人，农村人口为 2154 万人，分别占总人口的 53.1% 和 46.9%，人口密度为 275 人/km^2，全省人口自然增长率为 7.29‰。全省生产总值为 18400 亿元，其中第一产业 1900 亿元，第二产业 9030 亿元，第三产业 7340 亿元。全省居民家庭人均收入：城镇居民 2.87 万元，农村居民

1.21万元。

江西农业在全国占有重要地位，是新中国成立以来全国两个从未间断向国家贡献粮食的省份之一。生态农业前景广阔，有机食品、绿色食品、无公害食品均位居全国前列，粮食、油料、蔬菜、生猪、脐橙、淡水鱼类等农产品在全国占有重要地位。2016年全省耕地有效灌溉面积为 $2.04\times10^6\,hm^2$ ，农作物播种面积为 $5.56\times10^6\,hm^2$ ，其中，粮食作物面积为 $3.69\times10^6\,hm^2$ ，经济作物面积为 $1.87\times10^6\,hm^2$ 。全省农业产值为1450亿元，农林牧渔产值为3130亿元，主要粮食产量为 $2.14\times10^{10}\,kg$ ，其中谷物产量为 $2.03\times10^{10}\,kg$ 。

3.3　历史干旱特征

3.3.1　历史典型干旱灾害

据历史资料统计，从807—1949年，江西省大范围旱灾共有172次，占总年数的15%，即平均每7年发生一次。对于极大旱灾，全省共发生过32次，平均36年发生一次；重大旱灾，全省共发生过56次，平均20年发生一次；轻度旱灾，全省共发生过84次，平均14年发生一次。

1950—1989年，全省大范围旱灾共有34次，占总年数的85%，即平均每1.3年发生一次。对于特大旱灾，全省共发生过3次，平均13.3年发生一次；重大旱灾，全省共发生过7次，平均5.7年发生一次；轻度旱灾，全省共发生过13次，平均3.1年一次；轻微旱灾，全省共发生过11次，平均3.6年发生一次。其中，1956年、1985年的干旱灾害事件较为典型。

1990—2016年，江西大范围旱灾共有20次。其中，1956年、1985年、1991年、2003年、2007年、2011年、2013年均发生典型干旱灾害事件。

1956年，江西省发生大范围的夏秋大旱，赣北部分地区、吉安地区、赣南部分地区、抚州和上饶的部分地区共有63个县出现了明显旱情，农田受旱面积达 $4.81\times10^5\,hm^2$ ，成灾面积达 $2.49\times10^5\,hm^2$ ，损失稻谷约 $1.48\times10^9\,kg$ 。

1985年，除赣南外江西省大部分地区发生伏秋大旱，时间长达 $60\sim70d$ ，吉安、宜春南城、黎川、弋阳等地旱情严重，受灾面积达 $4.30\times10^5\,hm^2$ ，成灾面积达 $1.66\times10^5\,hm^2$ ，损失稻谷 $1.47\times10^9\,kg$ 。

1991年，江西省发生大范围的夏旱，特别是赣南腹地、吉泰盆地及鄱阳湖滨湖平原区等重要产粮基地受灾严重。全省受灾面积达 $2.19\times10^6\,hm^2$ ，绝收面积达 $1.21\times10^6\,hm^2$ ，损失粮食 $3.68\times10^9\,kg$ ，240余万农村人口饮水受到严重影响，2629万头大牲畜饮水困难，57个县级城市供水受到影响，影响城镇人口68万人，影响工业增加值7.8亿元。

2003 年，江西省发生特大干旱，农作物受旱面积达 $1.06 \times 10^6 \text{hm}^2$，成灾面积达 $8.53 \times 10^5 \text{hm}^2$，绝收面积达 $2.48 \times 10^5 \text{hm}^2$，减产粮食 $2.44 \times 10^9 \text{kg}$，全省因旱造成 297 万城乡居民出现饮水困难，因旱直接经济损失达 67 亿元。

2007 年，由于久旱无雨、连续高温和水库蓄水量较少，江西省内尤其是赣中地区旱情严重，旱情向南北延伸，全省于 7 月 31 日启动三级抗旱应急响应；截至 8 月 8 日，全省农作物受旱面积高达 $6.98 \times 10^5 \text{hm}^2$，147.96 万人因旱发生饮水困难，成为全国受旱最严重的地区之一。

2011 年，江西省降水异常偏少，降水量较多年同期平均值偏少五成左右，1 月 1 日至 4 月 30 日，全省平均降水量为 227mm，仅为多年平均的 49%，入汛后的 4 月 1—30 日，全省平均降水量为 90mm，仅为多年平均的 42%，出现历史罕见春夏连旱；截至 5 月 19 日，全省已栽种的早稻受旱面积达 $1.29 \times 10^5 \text{hm}^2$，$7.60 \times 10^4$ 多 hm^2 中稻无水泡田翻耕，33 万人饮水困难。

2013 年 7 月 16 日至 8 月 11 日，江西省平均降水量仅为 34mm，比同期均值少 70%，有 15 个县（市、区）降水量不足 10mm；据 8 月 11 日干旱高峰期统计，全省耕地受旱面积达 $6.4 \times 10^5 \text{hm}^2$，作物受旱面积达 $4.5 \times 10^5 \text{hm}^2$，66 万人因旱发生不同程度的饮水困难，全省共有 429 座小型水库干涸，80 条小型河流断流，赣江、抚河、信江及其支流 27 个站发生有记录以来最低水位。

3.3.2　干旱时空分布特征

江西省为干旱频发省份，就全省历年干旱发生情况统计，局部区域的农业干旱几乎每年都有发生，全省范围内较为严重的旱情也时有发生。例如，2003 年遭遇百年未遇的旱情，2007 年和 2013 年也出现了较为严重的农业旱情，部分农村出现人畜饮水困难情况，城市供水也受到很大影响。根据历史干旱灾害统计，全省干旱时空分布有以下特征：空间上，鄱阳湖滨湖平原区、吉泰盆地、赣南腹地是全省干旱频次最多、持续时间最长、灾害程度最重的地区，其次是位于赣西的萍乡、新余两市和信江中游区，赣西、赣南和赣东山区是干旱频次最少、受灾程度较轻的地区。从时间上来看，以夏秋旱最多，其次为夏旱。

江西省各地历史干旱相对程度可用关键干旱期 7—10 月多年平均降水量（P）与蒸发量的比值 K 反映；江西省历史干旱区域分布详见表 3.1。

3.3.3　干旱灾害成因分析

干旱灾害是由自然和社会因素叠加而成的，江西省频发多发的干旱灾害不仅与降水、作物需水不匹配有关，还与土壤地质、防旱抗旱措施体系不完善等因素有关，主要有以下几方面的原因：

表 3.1 江西省历史干旱区域分布表

K	区 域
1.40 以上 (常旱区)	新干、渝水、樟树、丰城、高安、南昌、新建、临川、东乡、进贤、余干、鄱阳、都昌、庐山、吉水、吉安、泰和、上饶、广丰、铅山、横峰、弋阳、金溪、南城、南丰、广昌、石城、于都、兴国、信丰、南康、赣县
1.20~1.40 (易旱区)	瑞金、会昌、宁都、大余、遂川、万安、莲花、永新、安福、永丰、峡江、上栗、芦溪、分宜、上高、黎川、宜黄、乐安、崇仁、玉山、贵溪、余江、万年、乐平、武宁、奉新、靖安、安义、永修、德安、湖口、瑞昌、九江、彭泽
1.00~1.20 (少旱区)	寻乌、定南、全南、龙南、上犹、井冈山、袁州、万载、修水、浮梁、乐平、德兴、资溪
小于 1.00 (基本无旱区)	安远、崇义、宜丰、铜鼓、婺源

（1）大气环流演变、副热带高压（以下简称"副高"）进退情况等气候条件影响。每年 7 月上旬副高脊线到达北纬 26°附近，进入江西省境，8 月初又越过北纬 30°，此时段江西在副高控制下处于盛夏炎热少雨的伏旱期；9 月上旬副高脊线跳到北纬 25°附近，全省干旱延续进入秋高气爽的秋旱期。一般于每年 6 月底至 7 月上旬前后便进入晴热少雨的干旱期，在单一干热气团控制下，这个时期的蒸发量与降水量差值最大，如该时期影响全省的台风雨偏少，干旱可一直延续到 10 月。因此，7—10 月为江西各地的关键干旱期。

（2）降水与农作物需水期不匹配。江西省虽降水丰沛，但年内分布不均，由图 1.1 知，降水多集中于 4—6 月，7—8 月月降水量一般只有 100mm 左右，而蒸发量一般大于 150mm，部分年份可达 200mm 以上，大大超过降水量，9—10 月降水量一般在 100mm 以下，也小于蒸发量。全省主要农作物（含粮食作物和经济作物）的生长期一般在 4 月初至 10 月下旬，每年 7—8 月"双抢"季节，而此时往往降水偏少、蒸发量大，易导致作物缺水，农作物易因旱成灾。

（3）土壤有效水含量低。江西省境内主要为红壤，其次为黄壤、山地黄棕壤、山地草甸土、紫色土、潮土、石灰（岩）土、水稻土等八种土类。其中，红壤面积占全省土地面积的 70%。虽然红壤的总持水量大，但有效水含量低，其饱和含水量为 36%～44%，田间持水量为 26%～29%，凋萎系数持水量 17%～20%，有效水含量只有 6%～11%。与黑土和潮土相比，红壤的储水库容较低，通透库容和无效库容较高，而有效水库容却不及黑土的一半，有效水含量仅占土重的 6%～11%。此外，红壤土体中，水分的分布与变化差异较大，0～30cm 土层极易受降水和干旱影响而变化较大。红壤 0～30cm 的表土层有效水少而且极易散失是导致江西伏秋干旱的因素之一。

（4）旱灾防御措施体系不够完善。从工程措施方面看，江西省尚未建立完善的旱灾防御工程措施体系，尤其是每年汛期大量雨洪资源不能依靠控制性水利工程截留蓄用，大部分降水形成地表径流以洪水形式流走，往往出现汛期洪水成灾、干旱期间无水可用的局面。此外，部分灌区老化失修，跑水漏水严重，用水管理粗放，灌溉水利用系数较低。虽然近年来江西省实施了大中型灌区续建配套与节水改造以及小农水工程建设，但农田灌溉水利用效率偏低的情况未得到根本改善。非工程措施相对于工程措施严重滞后，主要表现为旱情采集不够及时、时效性差，自动化程度低，监测预警精度不够、抗旱指挥决策支撑能力偏低等，难以满足抗旱减灾工作的需求。

3.3.4　干旱的演变及趋势

据江西省历史干旱灾害统计，20 世纪 60 年代初至 70 年代初为干旱的高发期，不仅干旱出现的年份多且干旱程度严重；70 年代初至 80 年代中期为干旱的相对低发期，干旱出现的频次少且程度较轻；80 年代中期至 90 年代前期又为干旱的相对高发期，1993—2002 年为干旱的相对低发期；从 2003 年开始干旱又呈明显上升趋势，2003 年至 2004 年初，发生了全省范围的伏秋冬旱连春旱的历史特大干旱；此后，2007 年、2009 年、2011 年、2013 年全省不同区域均发生了不同程度的干旱灾害。总体说来，全省干旱情势也在不断地变化发展，无论在时空分布上，还是影响范围、严重程度等方面都在不断的发展变化中，主要表现在以下几个方面：

（1）干旱发生范围越来越广。在 1991 年、2003 年、2004 年、2007 年、2011 年、2013 年等严重干旱年份，干旱发生范围由早期的集中于滨湖平原、赣南腹地、吉泰盆地，逐渐延伸至新余、萍乡两市及信江中游地区；在 1990 年、1992 年、1993 年、1995 年、1996 年、1998 年、2000 年、2001 年、2005 年、2006 年等一般干旱年份，干旱发生范围由开始的滨湖平原区，逐渐发展至吉泰盆地、萍乡市，20 世纪末、21 世纪初，赣南腹地被纳入干旱范围，近几年，信江中游地区也纳入该范围；即使在 1994 年、1997 年、1999 年、2002 年等干旱范围相对较小的年份，干旱范围也由起初的滨湖平原，逐渐延伸至萍乡市、吉泰盆地，现已波及赣南盆地。

（2）干旱灾害影响人口越来越多。在干旱波及范围不断扩大的同时，干旱灾害影响人口也在不断地增加。在 1991 年、2003 年、2004 年、2007 年等严重干旱年份，干旱影响人口由 300 万人逐渐增加，2003 年干旱影响人口甚至达到 450 万余人。

（3）干旱对农业、工业的影响越来越严重。在 1991 年、2003 年、2004

年、2007 年等严重干旱年份，粮食损失量占粮食总产量百分比由 1991 年的 18.5%，至 2003 年增大至 27.5%，在干旱程度稍轻于上述的 2004 年和 2007 年，该比例也达到了 15% 以上；在 1990 年、1992 年、1993 年、1995 年、1996 年、1998 年、2000 年等一般干旱年份，该比例也在逐渐增大，20 世纪 90 年代多在 10% 以下，至 21 世纪初，已逐渐增至 12% 甚至更大；在 1994 年、1997 年、1999 年、2002 年等干旱范围相对较小的年份，该比例基本稳定在 4%～5%。

随着工业发展的不断加快，干旱对工业增加值的影响越来越严重。在 1991 年、2003 年等严重干旱年份，每减少 $1 \times 10^4 \, m^3$ 供水量影响工业增加值：1991 年为 14.4 万元，至 2003 年增大至 28.6 万元，2004 年与 2007 年也维持在 26 万～28 万元，增长迅速；在 1990 年、2000 年等一般干旱年份，该值也在逐渐增大，20 世纪 90 年代多在 10 万～15 万元，21 世纪初开始，迅速增至 25 万元以上；在 1994 年、1997 年等干旱范围相对较小的年份，此数值也由起初的 10 万元左右增至 2002 年的 28.1 万元。

3.3.5　干旱影响

从现有统计资料看，干旱影响突出表现在以下几点：

（1）影响农作物正常生长，导致农业减产。据统计，2015 年江西省作物因旱受灾面积为 $0.55 \times 10^5 \, hm^2$，成灾面积为 $0.31 \times 10^5 \, hm^2$。

（2）增加农业劳力和资金的负担。干旱发生后，需要投入大量的人力、物力抗旱，机电抗旱还需要油料费、电费等资金支持。以 2003 年为例，江西省夏秋抗旱用油、用电费达 9634 万元。

（3）加剧农村人畜饮水困难程度。江西省山地和丘陵占全省面积的 78%，在干旱期，水库水位低，山塘、溪水干涸，地下水位骤降，山地、丘陵区的农村极易出现人畜饮水困难。

（4）导致农民返贫现象严重。江西省是农业大省，农业收入是农民的主要经济来源，干旱的发生对一些常旱、易旱地区的农民生产、生活影响很大。此外，干旱还会对社会的稳定产生影响。一旦出现连年干旱势必出现粮食歉收，米价高涨，物价失调，影响人民群众的正常生活和社会稳定。

（5）导致水源污染问题突现。江西省工业和生活污水少数未经处理直接排入江河，一遇干旱，水源枯竭，江河自净能力减弱，不仅加剧水资源的紧缺程度，还影响人们的身体健康和生活质量的提高。

（6）对林业产生不良影响。江西省干旱往往伴随着高温、少雨天气，它不仅影响林木的生长，还极易诱发森林火灾及病虫害。

3.4　农业旱灾防御现状

3.4.1　工程措施防御现状

新中国成立以来，江西省兴建了大量水利工程，全省水资源开发利用与保护取得了较大成就，已基本形成了蓄、引、提、排、防洪、抗旱、发电、水保等水利工程体系，使现有的水资源能够得到更充分的利用。全省现有水利设施大部分修建于 20 世纪 50—70 年代，部分工程设计和施工质量得不到保证，加之运行时间长，设施老化失修，致使部分工程效益难以正常发挥。同时，工程性缺水致使江西省水资源短缺的问题仍然较为突出。尤其是 1963 年、1978年、1991 年和 2003 年等大旱年，农业受灾严重，大批工矿企业停产，广大农村地区由于资金缺乏，供水设施和供水条件差，人畜缺水现象更为严重。

3.4.2　非工程措施防御现状

1. 抗旱服务体系建设

江西省已编制完成省、市两级总体抗旱预案，95 个县级行政区编制完成县级总体抗旱预案；省级同时编制完成了《赣江中下游枯水调度预案》《赣江中下游枯水调度实施方案》《抚河中下游枯水水量应急调度预案》等专项预案。《江西省抗旱条例》于 2010 年 11 月 1 日起施行，该条例在国家抗旱条例的基础上，结合省情，在抗旱制度、抗旱组织体系、抗旱管理、抗旱投入等方面，做了一些更为详细和可操作性的规定。这是继 2001 年江西省出台《江西省实施〈中华人民共和国防洪法〉办法》后，专门针对抗旱工作出台的又一部地方性水法规，它标志着江西省防汛抗旱地方法规体系基本建立。

截至 2016 年年底，江西省共建有 106 支县级和县级以上抗旱服务队，1598 个乡（镇）抗旱服务站，各类抗旱服务人员 4484 人。其中，省级抗旱服务队 1 支，市级抗旱服务队 11 支，县级抗旱服务队 94 支。全省各级抗旱服务队固定资产共 2.76 亿元，运水车 139 辆、打井（洗井）设备 188 套、挖掘机 107 台、移动式发电机组 319 套、各类型号潜水泵 19677 台、清淤泵 297 套，仓储面积 $10.02 \times 10^4 \, \text{m}^2$。全省各级抗旱服务队应急浇地能力 $2.99 \times 10^4 \, \text{hm}^2/\text{d}$，应急送水能力 $3.0 \times 10^5 \, \text{kg}/\text{次}$。其中纳入国家建设的 94 支县级抗旱服务队共有运水车 119 辆、打井（洗井）设备 167 套、挖掘机 104 台、移动式发电机组 298 套、各类型号潜水泵 8162 台、清淤泵 281 套，仓储面积 $3.56 \times 10^4 \, \text{m}^2$。

此外，江西省在抗旱减灾基础研究方面开展了一些工作，包括江西省旱限

（旱警）水位试点研究、江西省水稻旱情监测预测、江西省低枯水位影响研究、人工增雨技术在江西省抗旱减灾中的适用性研究与示范应用、江西省旱情研判系统灌区数据库建设、干旱灾害评估试点等工作，取得了一定的进展，为抗旱减灾工作提供了重要的技术支撑。

2. 相关信息系统建设概况

江西省水利信息化建设是从防汛抗旱指挥系统建设起步。1995 年，江西开始建设全省防汛抗旱指挥系统，通过租用电信公网光纤 SDH 电路，实现了中央、省、市、重点防洪县四级（包括省、市级水文部门及大型和部分重点中型水库）防汛宽带互联网络，实现了"数据、语音、视频三网合一"综合传输功能，为全省水利信息化提供了重要的信息交换平台。

2004 年，江西省水利厅开展了"江西省墒情监测及旱情信息管理系统（一期工程）"建设，包括省墒情监测中心的软硬件建设、30 个固定站和 3 个移动站建设；之后，江西省在一期建设的基础上继续推进了二期工程的建设，增设了 36 个固定监测点、1 个旱情试验站，对一期墒情站网进行调整和补充，迁移 7 个站点，完善了省墒情监测中心软硬件环境，实现了全省重要旱区墒情数据实时采集、传输、处理、查询及分析预测，初步建立土壤墒情与水文气象要素的关系。

2011 年，江西省国家防汛抗旱指挥系统一期工程各项建设任务全部完成，并通过工程验收。一期工程的实施较大地提高了水雨情信息采集、传输、管理、应用的现代化水平。一期工程数据汇集平台建设主要实现了 9 个水情分中心和 11 个设区市的实时水雨情信息的汇集、处理和入库，并制定了一系列与数据汇集有关的管理和数据传输用户协议标准。2013 年 9 月，江西省按照水利部国家防汛抗旱指挥系统工程项目建设办公室的要求，组织开展江西省国家防汛抗旱指挥系统二期工程建设。二期工程建设主要包括信息采集系统、工程视频监控系统、移动应急指挥平台、计算机网络及安全系统、防汛抗旱综合数据库系统、数据汇集与应用支撑平台、洪灾评估系统、抗旱业务应用系统、综合信息服务系统及应用整合等内容。

2013 年，江西省水利厅开展了江西省水资源管理系统一期工程建设。该系统以水资源在线监测与传输能力建设和省级监控管理信息平台建设为重点，在充分利用全省已有的水利信息化的基础上，整合现有监测设施，健全和完善水资源监测站网，覆盖省、市、县三级水资源管理范围，推进取用水户、水功能区、界河、鄱阳湖、重点水资源工程、雨水情、集中饮用水源地和地下水等八大水资源监测体系建设，构建了包括 370 个规模以上取水、446 个重要水功能区、23 个省界断面、35 个市界断面、35 个设区市级饮用水源地等监测站点组成的水量、水位、水质在线监测数据采集传输网络，搭建了江西省水资源管理信息平台，实现了与国家、流域水资源管理系统之间的互联互通。

江西省现有的墒情监测系统、旱情信息管理系统及国家防汛抗旱指挥系统等旱情相关业务系统，各个系统功能不尽完善，数据难以实现共享。此外，旱情监测明显薄弱于防汛信息监测，主要表现在监测数据源单一、监测手段相对落后、自动化程度低、系统集成度不高、处理手段落后等。很多地方研判旱情仍要凭经验，较难及时准确地对旱情做出科学研判，具体的问题突出表现在以下几个方面：

（1）站点少、数据散。旱情信息采集基础较为薄弱，站点布设密度相对偏低。如：目前全省仅 68 处固定墒情站点，绝大部分小（2）型水库及山塘仍不能获取实时水位及库容，灌区渠首水量的监测尤其是引水、提水工程的灌区可用水量的监测不够完善；此外，墒情、降水、水库水情及工情等数据未能较好地融合使用，未能建立一个全省综合的农业旱情数据库。

（2）系统集成度不高。现有的旱情监测相关系统，大多侧重于墒情或气象干旱等某一方面的监测分析，特别是由于信息应用的集成度不够，导致大量信息和资料需要在多个系统以及相关文件中进行寻找，系统多、集成度不高造成应用困难。

（3）研判慢、指挥难。尽管江西省水利信息通信、计算机网络等硬件设施有了较大提升，全省获取旱情信息的时效性及数据的处理速度有了较大的提升，但是由于有的系统开发缺乏针对性，信息共享程度低，部分实际工作中需要使用的功能在系统当中都没有提供，特别是在旱情发生时无法提供及时有效的技术支撑和辅助决策，难以做出科学的研判。

3.5 问题分析

江西省水利科学研究院对江西省干旱问题开展了 10 余年的研究实践，对全省干旱监测预测问题的认识也经历了摸索尝试、大胆实践、调查分析、逐渐清晰的过程，对全省特有的自然地理、水文气象、水利工程分布、种植结构等有了更全面、深入的了解。在以上工作基础上，本书结合对江西省 300 余座大中型灌区农业旱情调查实践、对全省各级水利防旱抗旱部门工作人员走访调查等工作，认为江西省灌区旱灾防御中主要存在以下几个方面的问题：

（1）降水时空分布不均，"工程性缺水"突出。江西省多年平均水资源量为 $1.565 \times 10^{11} \mathrm{m}^3$，人均拥有水量为 $3700\mathrm{m}^3$，是长江流域平均水平的 1.5 倍、全国平均水平的 1.6 倍，是名副其实的江南水乡。从水资源总量来说，江西不缺水，但由于降水时空分布不均，且缺少大规模的控制性枢纽工程和区域水资源调配工程，因此，江西省干旱的"工程性缺水"特点很突出。

水利工程作为抗旱救灾的重要基础设施，在抗旱救灾中发挥着不可替代的作用。要进行降水在时空上的再分配，就必须依赖水利工程，但是全省具有多年调节能力的大型水库数量相对较少，对降水的时空上的再分配能力有限。同时，全省 1.08 万座水库中仍有部分水库为未完成除险加固的病险水库或新出险水库，这大大降低了现有水库的蓄水能力。

（2）灌区灌溉水利用系数普遍偏低。江西省的水利灌溉设施大多建于 20 世纪 60—70 年代，工程建设以来长期投入不足，工程设施年老失修、带病运行，渠道破损、淤塞，跑水漏水现象严重，用水管理粗放，灌溉水利用系数较低。虽然近年来实施了大中型灌区续建配套与节水以及小农水工程建设，灌区水利设施条件大大改善，灌区灌溉水利用系数逐步提高，但由于长期以来工程建设欠账太多，灌区用水管理依旧没有得到足够重视，总体来说，灌区农田灌溉水利用系数仍然普遍偏低。

（3）部分灌区管理机制不完善，易造成灌溉供水困难。部分地区灌区管理机制还不够完善，尤其是小型灌区防旱抗旱责任人不明确，干旱发生时，灌区用水管理不规范，早期用水不节制导致后期无水可用，增加灌区干旱风险。此外，部分以水库为主要供水水源的灌区，当水库兼有发电等综合利用功能时，还存在灌溉用水和发电用水之间的矛盾，当水库过于追求发电效益最大化时，易导致水库下游灌区灌溉供水不足。

（4）灌区旱情监测站点偏少，旱情监测体系不完善。江西省已建立了 68 处墒情监测站点，通过国家水资源能力控制建设项目的实施在部分灌区的渠首设立了流量监控设施，但是江西省灌区水源复杂，现有灌区旱情监测站点获取的旱情信息并不能满足灌区防旱抗旱工作的需求。此外，墒情监测站点对旱地干旱程度的变化有较好的监测效果，而水稻为江西省主要种植作物，水稻干旱的监测预测是旱情监测预测的难点，因此监测体系有待完善。

（5）灌区防旱抗旱能力发展不平衡、不充分。对于水源条件较好的大中型灌区，通过采取水利工程合理的拦蓄、严格执行用水计划管理等措施，可以较好地提升灌区防旱抗旱能力；对于灌溉面积相对较小的小型灌区，因大多无专设的管理机构，干旱期间难以严格执行用水计划管理，甚至出现村民因争抢灌溉用水而导致矛盾冲突等现象，灌区防旱抗旱能力明显偏弱。

3.6 小结

本章选择以江西省作为南方丘陵区农业干旱研判技术实践示范区，介绍了研究区的选择和区域概况，并从历史典型干旱灾害，干旱时空分布特征，干旱灾害成因、演变、趋势及影响等分析了研究区历史干旱灾害特征；从工程措施和非工程措施两方面阐述了农业旱灾防御现状，指出江西省农业旱情防御存在"工程性缺水"突出，灌区灌溉水利用系数普遍偏低，部分灌区因管理机制不完善造成灌溉供水困难，灌区旱情监测体系不完善，以及灌区防旱抗旱能力发展不平衡、不充分等问题。

第4章

农业旱情信息采集体系

随着移动互联网、遥感技术的发展，水雨情、墒情等常规监测设施、设备的升级，采集农业旱情信息的来源越来越多。农业旱情采集体系的构建、各类信息采集要素和方法已成为影响农业旱情评价成果的重要因素。本章以为江西省为例系统介绍了农业旱情信息采集体系。

4.1 体系构建

江西省农业旱情信息采集体系由基础信息采集、墒情信息采集、遥感信息采集和巡查信息采集等四部分组成，其中基础信息采集要素包括水位、雨量、蒸发量、灌区渠首流量等；墒情采集包括接入全省68处自动墒情站点数据和移动墒情采集数据；遥感信息采集包括历史遥感影像数据、当期遥感影像数据等；巡查信息采集则是通过"旱情拍拍"（旱情移动巡查系统）实时获取水田土壤照片和土壤水量数据等。江西省农业旱情信息采集体系结构见表4.1。

表 4.1　　　　　　　　江西省农业旱情信息采集体系结构

采集方式	采集要素	数 据 来 源
基础信息采集	水位	河道水位（接入180处河道）
		水库水位（接入1713座水库）
		地下水位（接入19处）
	雨量	1085个面雨量站点（接入）
		其他雨量站点（按需接入）
	灌区渠首流量	国控水资源项目（接入255个）
	蒸发量	接入水文站点数据
墒情信息采集	墒情数据	自动墒情站点（接入68处）
		移动墒情采集

采集方式	采集要素	数　据　来　源
遥感信息采集	遥感影像	历史遥感影像数据
		当期遥感影像数据
巡查信息采集	水田土壤水量	"旱情拍拍"

江西省农业旱情研判系统包括缺水度模型、缺墒模型和遥感监测模型三种计算模型，不同的计算模型适用于不同的耕地类型和采集信息。缺水度模型适用于水田和水浇地，采集信息来源于基础信息和巡查信息；缺墒模型适用于旱地，采集信息来源于墒情信息；遥感监测模型对所有的耕地类型均适用，监测数据来自 MODIS 等数据。

4.2　基础信息采集

基础信息采集包括水位、雨量、流量和蒸发量等要素采集。结合江西省实际，水位信息接入 180 处河道水位数据、1713 座水库水位数据、19 处地下水位数据；雨量信息接入 1085 个雨量站点和其他部分雨量站点数据；流量数据主要在国控水资源项目建设成果的基础上接入 255 个灌区渠首流量监测数据；蒸发量数据则是通过接入部分水文站点数据获取实时蒸发信息。因此，通过对全省重要河道水位、雨量、重点区域流量和部分区域蒸发量数据的采集，可获取较为全面的实时基础信息。以上基础数据结合全省耕地结构分布、作物种植情况等可以推算出各区域供需水平衡情况，进而获得各计算单元的实时情况。

因缺水率综合反映了农作物需水及可供水情况，适用于水田农业旱情的评估，因此本书构建以缺水率作为农业旱情评估指标的缺水度模型。根据《旱情等级标准》（SL 424—2008）规定，作物缺水率为作物需水量与实际可供灌溉水量之差占实际需水量的比值，以百分率表示，见式（4.1）。

$$D_w = \frac{W_r - W}{W_r} \times 100\% \tag{4.1}$$

式中　D_w——作物缺水率，%；

　　　W_r——计算期内作物实际需水量，m³；

　　　W——同期可用或实际提供的灌溉水量，m³。

其中作物缺水率旱情等级划分应符合表 4.2。

因此，结合基础信息采集获取的水雨情数据以及作物需水用水情况，利用式（4.1）可得计算单元实时缺水率，参考表 4.2 可得计算单元实时干旱等级；如能获取未来时段可供和作物需水量则可用于预测干旱情况的发展。

表 4.2　　　　　　　　作物缺水率旱情等级划分

旱情等级	轻度干旱	中度干旱	严重干旱	特大干旱
作物缺水率 D_w/%	$5 < D_w \leq 20$	$20 < D_w \leq 35$	$35 < D_w \leq 50$	$D_w > 50$

4.3　墒情信息采集

4.3.1　采集方法

墒情数据是通过墒情站点对全省旱地的土壤墒情进行实时监测，用土壤墒情反映土壤干旱程度，进而达到对旱地农业旱情的实时监测。旱地土壤农业旱情监测考虑的主要影响因素包括土壤水分有效性及土壤的质地特性。

当土壤中的水分达到凋萎系数时，土壤水力与作物的吸水力基本相等，作物吸收不到水分，凋萎系数是土壤有效水分的下限；在旱地土壤中，土壤所能保持水分的最大量是田间持水量，不同土壤质地的田间持水量也不相同，当水分超过田间持水量时，便会出现重力水下渗流失的现象，田间持水量是旱地土壤有效水分的上限。因此，土壤有效水就是由凋萎系数到田间持水量之间的水分。

土壤墒情是指土壤的湿度情况，本书采用土壤相对含水量作为旱地土壤农业旱情指标，其表达式为：

$$旱地土壤相对含水量 W(\%) = \frac{土壤含水量}{田间持水量} \times 100\% \qquad (4.2)$$

根据《旱情等级标准》（SL 424—2008），旱地农业旱情等级划分标准见表 4.3。

表 4.3　　　　　　　　旱地农业旱情等级划分标准

干旱等级	轻度干旱	中度干旱	严重干旱	特大干旱
相对含水量 W/%	$60 \geq W > 50$	$50 \geq W > 40$	$40 \geq W > 30$	$W < 30$

根据墒情站点提供的墒情监测数据可对旱地墒情进行实时监测，即实现对旱地干旱的实时监测。江西省目前已建 68 处固定墒情自动监测站点，还设有部分移动墒情监测站点，可实时监测 10cm、20cm、40cm 土层厚度下的土壤墒情。此外，通过新安江模型或土壤墒情退墒曲线规律可用于推测墒情发展趋势，达到预测旱情目的。

4.3.2　墒情站点

移动墒情设备固定监测站是墒情采集信息的主要采集终端，其功能主要是对土壤墒情的自动采集及采集数据的自动发送，可同时采集不同深度的土壤含水量，具备实时、定时传输功能等。以江西省为例，江西省现有 68 处固定墒情站，全省各县（市、区）以本区域内或临近区域的固定墒情站作为旱地土壤墒情采集代表站，江西省固定墒情站点分布见图 4.1。

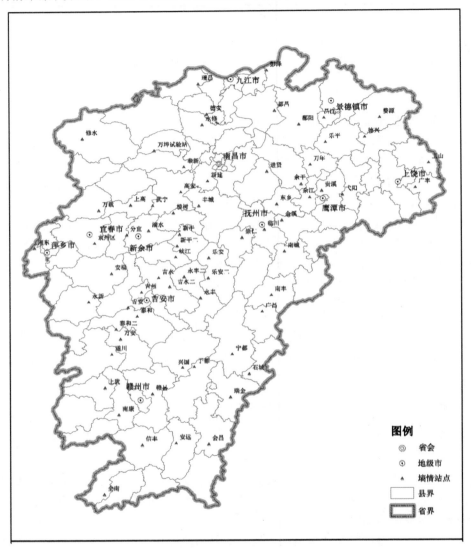

图 4.1　江西省固定墒情站点分布

4.4　巡查信息采集

巡查信息主要通过手机客户端（"旱情拍拍"）人工巡查，巡查对象有乡

（镇）巡查点、水库灌区巡查点，巡查人员分为乡（镇）水管站和水库管理人员两大类。

　　根据江西省全国第一次水利普查成果，全省已建成各类水库10819座，按每座水库设置一个巡查点的原则，由水库管理人员负责的巡查点有10819个。根据国家统计局统计成果江西省共有1548个乡（镇），每个乡（镇）设置两个巡查点。乡（镇）巡查点设置原则为：第一个巡查点在乡（镇）所在地周边；第二个巡查点距第一个巡查点5km以外，同时尽量与周边巡查点保持5km距离。

　　以乡（镇）水管站工作人员为例介绍旱情巡查信息采集方法。当发生较大范围干旱时，巡查人员在接到防汛抗旱指挥机构逐级下达的开展旱情巡查工作任务后，手持装有旱情巡查软件（"旱情拍拍"）的移动端，根据地图指引到其巡查任务点范围内，对反映当地干旱程度的典型水稻土壤进行拍照，选择所拍照片中土壤的水量等级，上传数据后完成该巡查点的巡查。

4.5　遥感信息采集

　　遥感监测主要通过 MODIS 影像数据、NOAA 气象卫星数据等实施旱情遥感监测。通常干旱遥感监测主要是通过以下几种方式进行：

　　（1）通过对农作物生长的状况的监测，间接地反映作物的水分状况。如直接利用红光和近红外波段反射率建立的归一化水分指数 NDWI 来监测作物缺水状况。国际上推荐使用的干旱遥感监测指数是直接以多年每月或每旬绝对最大、最小 NDVI 值为参考，利用遥感获取的 NDVI 值计算植被状态指数来反映气候变化对植被状况产生的影响。

　　（2）通过红外遥感获得土壤农作物系统中能量和水分状况所表现的温度信息来间接反映干旱状况。利用热红外遥感获得土壤热惯量，建立热惯量和土壤水分之间的关系，但该方法只适合于裸露土壤或农作物生长前期的土壤水分监测。也有人在利用植被指数 VCI 的同时考虑地表温度指标，建立农作物的温度植被指数图来判断区域的干旱状况。

　　（3）在遥感在蒸散模型方面，由于目前还难以用遥感方法较为精确地确定植被/土壤表面的水汽扩散阻抗和含水状况，直接用表面的湿度梯度和蒸发阻抗来计算比较困难。因此，遥感蒸散模型大多从能量平衡的角度出发，遥感表面温度结合气温以及一系列蒸散计算的阻抗公式计算显热通量，将潜热通量作为剩余项从能量平衡公式中求出。这种方法有坚实的理论基础，精度比较高。该方法的问题在于如何建立空气动力学温度和地表辐射温度之间的关系。

　　本书以农作物生长过程中的干旱监测为目标，利用 MODIS 卫星遥感影像为数据源，建立遥感监测模型，针对不同等级的土壤水分状况，建立相应旱情等级的遥感监测结果评价指标体系，监测农业旱情。

4.6　区域农业旱情评价

根据《旱情等级标准》（SL 424—2008），区域农业旱情评估采用区域农业旱情指数法，具体计算公式如下：

$$I_a = \sum_{i=1}^{4} A_i \times B_i \qquad (4.3)$$

式中　I_a——区域农业旱情指数（指数区间为 0～4）；

　　　i——农作物旱情等级（1、2、3、4 依次代表轻度、中度、严重和特大干旱）；

　　　A_i——某一旱情等级农作物面积与耕地总面积之比，%；

　　$i = B_i$——不同旱情等级的权重系数（轻度、中度、严重和特大干旱的权重系数 B_i 分别赋值为 1、2、3、4）。

江西省三级农业旱情评价标准见表 4.4。

表 4.4　　　　　　　　　　　　江西省三级农业旱情评价标准

区域	轻度干旱	中度干旱	严重干旱	特大干旱
省级	$0.1 \leqslant I_a < 0.5$	$0.5 \leqslant I_a < 0.9$	$0.9 \leqslant I_a < 1.5$	$1.5 \leqslant I_a \leqslant 4$
设区市级	$0.1 \leqslant I_a < 0.6$	$0.6 \leqslant I_a < 1.2$	$1.2 \leqslant I_a < 2.1$	$2.1 \leqslant I_a \leqslant 4$
县（市、区）级	$0.1 \leqslant I_a < 0.7$	$0.7 \leqslant I_a < 1.2$	$1.2 \leqslant I_a < 2.2$	$2.2 \leqslant I_a \leqslant 4$

区域农业旱情评价结果以表格和等势面的形式在电子地图上显示或输出。

4.7　小结

本章从农业旱情信息采集体系构建入手，分别阐述了基础信息采集、墒情信息采集、巡查信息采集和遥感信息采集的基本情况。运用采集的基础信息计算缺水率能实现干旱的监测或预测；墒情信息采集主要通过墒情站点获取旱地土壤相对含水量，实现旱地的监测或预测；遥感技术以其快速、高效、便捷的优势可实施大面积的干旱监测，采集的遥感信息可实现旱情实时监测。同时，本章还介绍了区域旱情评价标准及评价结果。

第 5 章

基于缺水度模型的农业旱情研判

　　水田和水浇地是南方丘陵区最主要的耕地类型，对水田、水浇地作物农业旱情的监测预测一直是南方丘陵区农业旱情研判的难点，也是近些年国内外专家学者研究较多的热点问题之一。本章以江西省为例，针对水田、水浇地的特点，选取缺水率为干旱指标，详细阐述缺水度模型的构建及应用。

5.1　缺水度模型

5.1.1　基本原理

　　缺水度模型的适用对象为水田和水浇地旱情的监测预测，该模型既可计算耕地的实时干旱等级，也可以结合未来时段降水、作物需水等信息预测干旱的发展趋势。本章主要介绍该模型在水田和水浇地旱情预测中的运用，在实时旱情监测中的运用可参考本书 4.2 节内容。

　　缺水率作为干旱指标来评价农业旱情，关键要确定区域计算时期内农作物的实际需水量以及可供灌溉水量。可供灌溉水量包括田间初期含水量、计算时段内水源工程可供水量。其中水源工程可供水量是指各水源工程中用于农业灌溉部分的水量，包含蓄水工程可供水量、引水工程可供水量、提水工程可供水量及地下水源工程可供水量，还需考虑由于降水变化对可供水量的影响。在运用缺水度模型预测农业旱情时，当前田间储水量对预测干旱结果有较大的影响，缺水度模型在旱情预测中用缺水率 D_w 表示：

$$D_w = \frac{W_r - (W_0 + W_P)}{W_r} \times 100\% \qquad (5.1)$$

式中　D_w——作物缺水率，%；

　　　　W_r——计算时段内作物实际需水量，m^3；

　　　　W_0——田间初期含水量，m^3；

W_P——计算时段内水源工程可供灌溉水量，m^3。

缺水度模型基本原理见图 5.1。

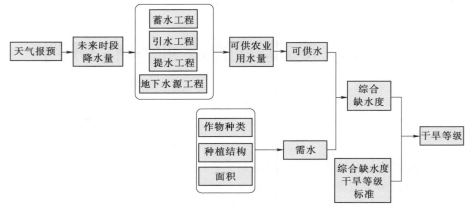

图 5.1　缺水度模型基本原理图

根据以上原理，结合江西省实际现状对能独立划分的近 2 万座灌区单位分析计算，划分的灌区单元包括以下三类：第一类是面积在 $13.33hm^2$ 以上的灌区，共 1.9 万多个；第二类是面积为 $13.33hm^2$ 以下灌区，以县为单位各自概化为一个计算单元，共 100 个；第三类为无水源工程的望天田，也以县为单位概化为一个计算单元，共 100 个。

此外，从图 5.1 中可发现，只需将计算灌区水源工程供水量置为 0，即可推算出无水源工程情况下研究区域的干旱程度。因此，通过该模型还可以对水源工程的有无进行对比分析，推算出水利工程在农业干旱防灾减灾的效益，为水利工程规划建设提供依据。

5.1.2　模型参量

据式（5.1）知，构建缺水度模型需确定的参量有作物需水量、可供水量、田间初期含水量等。上述参量涉及因素较多，如需较精确地计算这些量，则要有充足的历史观测资料，结合实际情况，本章采取易操作且计算结果与实际相对接近的计算方法，对难以精确计算的量采用概化的方法估算模型参量。

1. 作物需水量

作物需水量是指在作物正常生长的情况下，作物蒸腾和棵间土壤蒸发所消耗的总水量。对于水稻田作物需水量常用的计算方法有以水面蒸发为参数的需水系数法、Penman - Monteith 公式法、灌溉定额法等。本书通过对研究灌区调查走访，结合生产实践经验获得水田、水浇地不同耕地类型对应作物在不同时间段的日平均需水量。本模型主要运用于水田、水浇地两种类型，其中水田主要种植水稻，水浇地则主要种植蔬菜、花生、西瓜等。作物需水量计算公式如下：

$$W_r = (A\eta_{水田}W_{r水田} + A\eta_{水浇地}W_{r水浇地}) \times N \tag{5.2}$$

式中　　　A——计算单元耕地面积，亩；

　　　　　N——计算时段天数，d；

$\eta_{水田}$、$\eta_{水浇地}$——计算单元中水田、水浇地面积所占的比例，%；

$W_{r水田}$、$W_{r水浇地}$——水田、水浇地对应作物单位面积的实际日需水量，$m^3/$亩。

2. 水源工程可供水量

水源工程可供水量是指蓄水工程、引水工程、提水工程、地下水源工程中能直接为灌区作物吸收的水量，其应除去水源工程总可用水量中不用于农业灌溉部分以及应用于农业灌溉部分中的输水损失和田间水利用损失。各类水源中总水量乘以其综合水利用系数之后即为可供水量：

$$W_P = W_X\xi_X + W_Y\xi_Y + W_T\xi_T + W_D\xi_D \tag{5.3}$$

式中　　　　　　　W_P——计算时段内可供水量，m^3；

W_X、W_Y、W_T、W_D——计算时段内蓄水工程、引水工程、提水工程、地下水源工程可用水量，m^3；

ξ_X、ξ_Y、ξ_T、ξ_D——蓄水工程、引水工程、提水工程、地下水源工程可供水量综合水利用系数。

（1）蓄水工程可供水量的确定。蓄水工程主要是指大中型水库、小（1）型水库、小（2）型水库及山塘等。根据江西省现状，目前小（1）型及以上水库都有实时水位监测站，可获取实时库容值；对于小（2）型水库及山塘实时库容的推算，可依据全县、全市或全省同级水库库容变化规律推算。水库及山塘等蓄水工程的可供水量 W_X 计算公式为：

$$W_X = \sum W_{100万m^3以上总} - \sum W_{100万m^3以上死} + \sum W_{小(2)总}\eta_{小(2)} - \sum W_{小(2)死} + \sum W_{山塘}\eta_{山塘} \tag{5.4}$$

式中　　　W_X——蓄水型工程总可供水量，m^3；

$\sum W_{100万m^3以上总}$——$100 \times 10^4 m^3$ 以上所有水库实时库容之和，m^3；

$\sum W_{100万m^3以上死}$——$100 \times 10^4 m^3$ 以上所有水库死库容之和，m^3；

$\sum W_{小(2)总}$——小（2）型总库容之和，m^3；

$\eta_{小(2)}$——小（2）型水库的实时库容率；

$\sum W_{山塘}$——所有山塘的总容积，m^3；

$\eta_{山塘}$——山塘的实时容积率。

（2）引水工程可供水量的确定。对于引水口有水位监测站点或灌区渠首流量监测的计算单元，可根据实时监测流量或水位推算引水工程可供水量。对无任何监测点的计算单元，按照以下方法确定引水工程可供水量。

根据灌区规划表中的引水工程有效灌溉面积进行折算，取水口处河道水位的不同，引水流量也不同。江西省水库山塘较多，根据灌区实地调查，有较多小溪河的主要水源来自附近水库山塘等，河道水位的涨落和水库的实时库容率有着同步变化的趋势。根据生产经验设计流量为 $1m^3/s$ 可灌溉 $666.67hm^2$ 水田，因此可将灌溉规划表中引水工程对应的灌溉面积换算成流量，再根据灌区对应水库库容率进行折算。引水工程可供水量的计算公式为：

$$q_引 = \frac{A_引}{10000}\eta_{小(2)以上} \tag{5.5}$$

式中　$q_引$——引水流量，m^3/s；

　　　$A_引$——灌区引水工程对应设计灌溉面积，亩；

　$\eta_{小(2)以上}$——灌区小（2）型以上水库平均库容率。

假设引水时间为 24h，则引水工程流量可表示为：

$$W_Y = q_引 \times N \times 24 \times 3600 \tag{5.6}$$

式中　W_Y——引水工程可供水量，m^3；

　　　N——引水时间，d。

（3）提水工程及地下水源工程可供水量的确定。提水工程可供水量根据泵站取水口高程和取水点水位高程综合确定，计算过程中需参考计算单元的经验水位高程数据。

地下水源工程可供水量主要考虑计算单位地下水位监测情况及是否建有抗旱机井等地下取水设施等因素。此外，通过大中型灌区调查可获取全省大中型灌区抗旱机井建设情况。

3. 降水对蓄水工程可供水量的影响

降水对计算单元可供水量有显著的影响，直接影响着水库库容的大小和河道水位的涨落，考虑降水对蓄水工程可供水源的影响，降水应转化为有效降水量计算。

（1）有效降水量的计算。有效降水量是指总降水量中扣除地表径流部分和渗漏到作物根系吸水层以下部分，能够保存在作物根系层中，用于满足作物蒸发蒸腾需要的水量。因地表径流和深层渗漏需通过观测得到，故在生产实践中常用下面简化方法计算求得：

$$P_e = \sigma P \tag{5.7}$$

式中　σ——降水有效利用系数；

　　　P——降水总量，mm。

降水有效利用系数一般根据试验资料、大面积统计分析和经验确定。缺乏试验资料时，降水有效利用系数可参考表 5.1 确定[71]。

表 5.1　　　　　　　　　降水有效利用系数

降水量/mm	<5	$5\sim50$	>50
σ	0	$0.8\sim1$	$0.7\sim0.8$

（2）降水增加的蓄水工程可供水量。因降水而增加的可供水量，此处仅考虑水库和山塘因降水而增加的库容或容积值，即在仅考虑降水条件下增加的库容值或容积值，其可根据各个水库集雨面积与计算时段有效降水量求得：

$$W_{XP} = \sum a_{pi} p_e \times 1000 \tag{5.8}$$

式中　W_{XP}——计算时段内因降水增加的蓄水工程总水量，m^3；

　　　a_{pi}——灌区对应各个水库的集雨面积，km^2；

　　　p_e——有效降水量，mm。

本书将计算单元灌区对应所有山塘等价为一个容积相等的小（2）型水库，将研究区域全市或全县库容接近的小（2）型水库的集雨面积平均值作为该等价水库的集雨面积。

4. 蒸发对蓄水工程可供水量的影响

考虑研究对象主要水源为水库和山塘，蒸发对引提水工程可供水量计算影响甚微，为简化计算，本书仅考虑蒸发对水库山塘蓄水量的影响。由于蒸发受多种气象因素影响，较难推测未来时段的蒸发量，故此处采用历史多年同期平均蒸发量，采用的是水面蒸发数据。因蒸发使蓄水工程减少的水量可用水库的水面面积与蒸发量的乘积求得：

$$W_{XE} = \sum a_{Ei} E \times 1000 \tag{5.9}$$

式中　W_{XE}——计算时段内因蒸发减少的蓄水工程总水量，m^3；

　　　a_{Ei}——灌区对应各个水库的水面面积，km^2；

　　　E——蒸发量，mm。

水库水面面积可根据水库库容-水面面积关系曲线求得，对于缺乏该关系曲线的可根据临近库容值水库的库容-水面面积关系曲线插值拟合或者根据实地调查询问相关水库管理人员获取经验值；对于山塘的处理，将其等价为库容值相等的小（2）型水库。

5. 田间初期含水量

田间初期含水量的大小对于灌区旱情的预测有着重要的影响，确定田间初期含水量即确定田间初期水层的深度。因同一个区域内水系相互连通，水库水位、河道水位和灌区田间水层深度应该涨落一致，变化趋势一致。可根据全县水库库容率、各个生育阶段淹灌水层深度以及实地调查的水层深度和水库库容率的经验关系等确定田间初期水层深度。

水稻各生育阶段淹灌水层深度见表 5.2。

表 5.2 中，三个水层深度分别为适宜水层下限、适宜水层上限、降水后最大蓄水深度。根据水稻作物各个生育阶段田间淹没水层的上下限、灌区水库库

表 5.2	水稻各生育阶段淹灌水层深度		单位：mm
生育阶段	早稻	中稻	双季晚稻
返青	5～30～50	10～30～50	20～40～70
分蘖前	20～50～70	20～50～70	10～30～70
分蘖末	20～50～80	30～60～90	10～30～80
拔节孕穗	30～60～90	30～60～120	20～50～90
抽穗开花	10～30～80	10～30～100	10～30～50
乳熟	10～30～60	10～20～60	10～20～60
黄熟	10～20	落干	落干

容率和水层深度的经验关系确定各个时段田间水层深度，从而得到灌区田间初期水层深度 h_0，田间初期含水量为：

$$W_0 = \frac{666 A h_0}{1000} \tag{5.10}$$

式中　W_0——计算单元田间初期含水量，m^3；

A——计算单元耕地面积，亩；

h_0——田间初期水层深度，mm。

5.1.3　率定验证

旱情计算模型率定验证主要通过历史干旱信息反演和旱情移动巡查系统实时上报信息，修正和优化模型参数。通过历史干旱数据输入缺水度模型进行反演计算，寻求模拟客观系统最满意和最佳的模型参数，分析计算确定蓄水工程可供水量综合水利用系数 ξ_X、引水工程可供水量综合水利用系数 ξ_Y、提水工程可供水量综合水利用系数 ξ_T 等，最后将率定好的模型参数用于实时预报。

1. 参数率定方法的优选

模型参数率定是一个复杂而困难的工作，目前参数率定的优选方法常用的有人工试错法、自动优选法和人机联合优选法三种：

（1）人工试错法是最原始的参数优选方法，该方法先设置好一组率定参数，然后根据模拟计算的结果和实际调查的结果对比分析，若不符合要求则反复调整参数，直至模拟计算结果符合实际情况，所选出参数即为所需参数。

（2）自动优选法不需要任何人工调节，该法根据设置好的规则由计算机自动优选，故该法也可统称为搜索技术。

（3）人机联合优选法是前两种方法的组合，对于易确定、概念清晰的模型参数采用人工试错法，对于概念不明确、参数值不稳定的模型参数用自动优选法。因此人机联合优选法发挥了前两种方法的优势，既可充分利用先进的计算机技术，又借助了人工的知识和经验。

　　缺水度模型所需率定参数概念较为清晰，结合实地调查灌区现状，本章选用人工试错法。

　　2. 参数率定步骤

　　缺水度模型参数率定的过程是根据历史干旱资料和实时干旱信息不停地反演分析计算的过程，其率定步骤大致如下：

　　(1) 根据灌区当前田间含水情况、实地调查获取的渠道衬砌情况、蓄引提及地下水源工程现状等初设蓄水工程可供水量综合水利用系数、引水工程可供水量综合水利用系数、提水工程可供水量综合水利用系数等。

　　(2) 根据历史降水资料，获取计算时段内降水情况。

　　(3) 带入各个分量及参数，调整各水源工程综合水利用系数，反复计算直至计算结果和计算时段内灌区旱情情况一致为止。

　　(4) 筛选出率定后的最优参数。

　　模型参数率定流程见图 5.2。

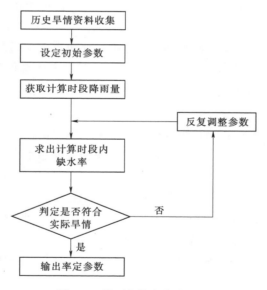

图 5.2　模型参数率定流程图

　　3. 参数率定结果验证

　　为验证缺水度模型参数率定的结果是否符合研究灌区实际情况，将率定好的参数带入构建的缺水度模型，计算不同时段研究灌区农业干旱程度，并将计算结果与实地调查获取的实际农业旱情对比，比较二者是否吻合。若计算结果与实际旱情接近吻合，则说明参数率定结果符合实际情况；否则，还需对模型参数进行修正率定、验证，直至其计算结果和实际旱情相符为止。

5.2 应用实例

5.2.1 研究对象概况

1. 对象的选择

本章以江西省莲花县三个蓄水型水田灌区——楼梯蹬水库灌区、罗卜冲水库灌区、河江水库灌区为研究对象，主要基于以下考虑：

（1）莲花县境内虽河网密布，但无客水入境。

（2）工程性缺水是造成莲花县干旱的重要原因。

（3）研究灌区近年（2013 年）发生过较为严重的旱情，有相对详细的记录，便于分析研究。

（4）研究灌区主要水源为水库，属典型南方丘陵区水田灌区，具有较好的代表性。

数据来源包括全国第一次水利普查数据、江西省水文局提供的雨情水情数据、江西省莲花县灌溉规划表，以及通过实地调查走访获得的历史干旱信息、水源信息、种植结构等。

2. 基本情况

研究灌区主要种植作物均为水稻，楼梯蹬水库灌区耕地面积 $1220hm^2$，其中水田约占 95%，水浇地约占 5%，主要水源为楼梯蹬水库。罗卜冲水库灌区耕地面积 $749.93hm^2$，其中水田约占 95%，水浇地约占 5%，其主要水源为罗卜冲水库，其附近小（2）型水库愁猿岭水库和淦田水库作为补充水源。河江水库灌区耕地面积约为 $1500hm^2$，其中水田约占 97%，水浇地约占 3%，以河江水库为主要水源。此外拱背桥水库、火龙口水库、小山塘以及沿禾水峙垅水、江山水等筑陂坝引水等对灌区灌溉起补充水源作用。各研究灌区基本情况见表 5.3～表 5.5。

表 5.3   **楼梯蹬水库灌区基本情况**

		水库名称	总库容/万 m^3	死库容/万 m^3	兴利库容/万 m^3	集雨面积/km^2
蓄水工程	水库	楼梯蹬水库	1175.6	1.16	576.41	45.9
		老荷叶塘水库	17.5	0.12	12.6	0.4
	山塘	数量/座		塘坝总容积/万 m^3		
		25		31.18		

续表

引水工程	引水工程数量/座	集雨面积/km²	有效灌溉面积/km²
	12	24.74	4136
提水工程	提灌站数量/座	装机容量/kW	有效灌溉面积/km²
	2	75	600
地下水源工程	机电井数量/座	装机容量/kW	有效灌溉面积/km²
	0	0	0
种植结构	水稻	蔬菜	油菜
	95%（水田）	5%（水浇地）	
耕地面积/hm²	1220	设计灌溉面积/hm²	1200

表5.4　　　　　　　　　　罗卜冲水库灌区基本情况

蓄水工程	水库	水库名称	总库容/万m³	死库容/万m³	兴利库容/万m³	集雨面积/km²
		罗卜冲水库	104	0.01	74.36	7.8
		淦田水库	55.5	0.8	40.8	4.3
		愁猿岭水库	30.5	0.12	19.2	3.3
	山塘	数量/座		塘坝总容积/万m³		
		56		42.39		

引水工程	引水工程数量/座	集雨面积/km²	有效灌溉面积/km²
	36	30.59	4249
提水工程	提灌站数量/座	装机容量/kW	有效灌溉面积/km²
	0	0	0
地下水源工程	机电井数量/座	装机容量/kW	有效灌溉面积/km²
	0	0	0
种植结构	水稻	蔬菜	油菜、西瓜
	95%（水田）	5%（水浇地）	
耕地面积/hm²	749.93	设计灌溉面积/hm²	733.33

表5.5　　　　　　　　　　河江水库灌区基本情况

蓄水工程	水库	水库名称	总库容/万m³	死库容/万m³	兴利库容/万m³	集雨面积/km²
		河江水库	1082.1	6	775.3	28.6
		拱背桥水库	39.27	0.44	18.70	6.90
		火龙口水库	28.44	0.2	17.35	3.80
	山塘	数量/座		塘坝总容积/万m³		
		30		43.4		

续表

引水工程	引水工程数量/座	集雨面积/km²	有效灌溉面积/km²
	33	84.80	845.00
提水工程	提灌站数量/座	装机容量/kW	有效灌溉面积/km²
	0	0	0
地下水源工程	机电井数量/座	装机容量/kW	有效灌溉面积/km²
	0	0	0
种植结构	水稻	蔬菜、油菜	花生、西瓜等经济作物
	97%（水田）	3%（水浇地）	
耕地面积/hm²	1500.8	设计灌溉面积/hm²	1435.33

5.2.2 历史干旱分析

通过调查走访莲花县水利局、莲花县相关乡（镇）水管站长、相关水库管理所负责人以及莲花县当地居民，得到相对清晰的莲花县历史干旱信息，莲花县 2013 年发生了 50 年一遇的特大干旱，灌区作物受到重大影响。

1. 莲花县历史干旱

莲花县 2013 年遭遇 50 年一遇的干旱天气，自 6 月 29 日开始高温少雨天气，持续 40d，7 月降水量仅为 19.2mm，比历年平均偏少 84%（历年平均值为 120.5mm），城乡居民的生产生活用水受到了严重影响。全县 13 个乡（镇）、1 个垦殖场均不同程度遭受旱灾，湖上、路口、南岭、升坊、良坊、坊楼等乡（镇）受灾比较严重。

2013 年干旱造成农业直接经济损失达 1.29 亿元，其中主要农作物直接经济损失 9510 万元，园艺作物直接经济损失达 1700 万元，水产养殖直接经济损失达 1710 万元。莲花县 2013 年部分干旱时段农作物受灾情况统计见表 5.6。

表 5.6　　莲花县 2013 年部分干旱时段农作物受灾情况统计

项目	受灾面积/hm²	成灾面积/hm²	绝收面积/hm²	产量损失/(10^7kg)	直接经济损失/万元
合计	10344	6054	1154	3.4632	7811.73
1. 粮食	8180	4696	625	2.1808	5297.01
（1）水稻	6862	3903	344	1.7302	4666.17
①早稻秧田	0	0	0	0	0
②早稻大田	239	136	84	0.0895	236.28

续表

项目	受灾面积/hm²	成灾面积/hm²	绝收面积/hm²	产量损失/(10⁷kg)	直接经济损失/万元
③中稻秧田	0	0	0	0	0
④中稻大田	4131	2562	236	1.231	3323.7
⑤二晚秧田	11	11	0	0	0
⑥二晚秧田	2481	1194	24	0.4097	1106.19
（2）夏粮	0	0	0	0	0
其中：大小麦	0	0	0	0	0
（3）其他	1318	793	281	0.4506	630.84
2.油料	591	353	154	0.1042	625.2
（1）油菜秧田	0	0	0	0	0
（2）油菜大田	0	0	0	0	0
（3）花生	591	353	154	0.1042	625.2
（4）芝麻	0	0	0	0	0
3.棉花	0	0	0	0	0
4.蔬菜	1101	789	202	0.6001	1080.18
5.其他农作物	472	216	172	0.5781	809.34

2. 研究灌区历史干旱

根据走访调查莲花县水利局、莲花县各个中型灌区涉及乡（镇）水管站以及相应中型灌区附近居民，近年来莲花县以 2013 年干旱最为严重，人们记忆最深。楼梯蹬水库、罗卜冲水库和河江水库三个典型灌区 2013 年干旱情况介绍如下：

（1）楼梯蹬水库灌区。该灌区于 2013 年 6 月底至 8 月下旬发生干旱，持续时间近 2 个月，灌区所有范围均受干旱影响，其中，珊田村干旱面积达 26.67hm²，上田村干旱面积达 20hm²，桃林村干旱面积达 26.67hm²，升坊镇干旱面积达 46.67hm²；干旱严重时灌区 70%左右的面积减产，部分区域发生绝收现象，此时田间无水，土地开裂。

（2）罗卜冲水库灌区。该灌区较为明显干旱发生于 2013 年 7 月中旬至 8 月下旬，干旱持续时间为 1 个半月左右，其中闪石乡灌区范围内旱情较为严重，近 66.67hm² 水稻绝收，干旱最严重时罗卜冲水库水位处于死水位以下，将近干涸；由于湖上乡附近有小（2）型水库作为补充水源，湖上乡范围灌区旱情相对较轻，该范围内有约 30%水田减产。

（3）河江水库灌区。河江水库灌区范围跨六市、高洲、坊楼三个乡（镇），受水源分布和地形地势影响，三个乡（镇）干旱程度不一，为便于描述分别称为高洲灌片、六市灌片、坊楼灌片，干旱情况详见表5.7。

表5.7　　　　　　　　河江水库灌区2013年各区域干旱情况

灌片	干旱时间	描述
高洲	6月底至9月中旬	干旱区域：上塘村（2100亩）、朱家村（500亩）、黄家村（400亩），以上面积中有30%发生绝收现象，其余减产；旱情严重时用水泵从禾水支流提水
六市	6月底至9月中旬	山口村、山背村干旱，400亩减产，部分绝收，山塘无水，田间出现裂缝，水稻干枯
坊楼	6月底至9月中旬	东边村、大路边村、塘头村干旱，200亩减产，绝收部分；干旱严重时抽禾水、峙垅水灌溉，田间泥土开裂

5.2.3　小（2）型水库及山塘实时库容的推算

莲花县只有总库容大于100万 m^3 的水库能实时监测水位和库容值，小（2）型水库和山塘没有实时库容值。莲花县中小型水库基本信息详见表5.8。

表5.8　　　　　　　　　莲花县中小型水库基本信息

水库名称	所在乡（镇）	所在河流	集雨面积/km²	总库容/万 m³	实时库容
楼梯蹬水库	神泉乡	大沙洲水	45.9	1175.6	有
河江水库	六市乡	麻山水	28.6	1082.1	有
南塘水库	良坊镇	文汇江	1.4	223	有
东打冲水库	三板桥乡	禾水支流棠市水	2.1	206	有
半冲水库	南岭乡	禾水	7	105	有
潭子根水库	升坊镇	禾水	2.2	104.51	有
罗卜冲水库	闪石乡	邑田水	7.8	104	有
三英冲水库	路口镇	邑田水	4.2	103	有
达口里水库	神泉乡	大沙洲水	0.9	62.4	无
淦田水库	湖上乡	邑田水	4.4	55.5	无
螃蟹冲水库	良坊镇	邑田水	2	53.4	无
长丘田水库	良坊镇	邑田水	6.5	48.2	无
桃源冲水库	湖上乡	邑田水	0.4	42.9	无
猪婆潭水库	湖上乡	邑田水	0.9	42	无
刘家源水库	路口镇	路口水	2.1	41.6	无
龙发口水库	路口镇	路口水	0.9	38	无

水库名称	所在乡（镇）	所在河流	集雨面积 /km²	总库容 /万 m³	实时库容
马家坳水库	坊楼镇	峙垅水	1.8	37.2	无
升堂水库	良坊镇	下坊水	1.6	35	无
拱背桥水库	高洲乡	高滩水	6.9	33.9	无
太冲水库	良坊镇	下坊水	2.3	32.9	无
愁猿岭水库	闪石乡	邑田水	3.3	30.5	无
火龙口水库	高洲乡	苍下水	3.8	28.6	无
牛垭塘水库	路口镇	路口水	0.7	28.4	无
巨源水库	良坊镇	下坊水	1.375	24	无
管家源水库	良坊镇	莲江	1.7	22.8	无
阁行冲水库	升坊镇	莲江小溪水	2.4	22.8	无
贯山水库	南岭乡	禾水	5.2	22	无
清塘水库	良坊镇	文汇江	3.2	18	无
龙打冲水库	三板桥乡	禾水支流田南水	0.4	17.5	无
老荷叶塘水库	三板桥乡	禾水支流镇背水	0.4	17.5	无
大禾田水库	琴亭镇	莲江	1	17.3	无
大塘源水库	三板桥乡	禾水支流田南水	0.3	16.81	无
关司塘水库	神泉乡	大沙洲水	0.33	15.5	无
上冲水库	琴亭镇	禾水	1.05	13.3	无
茶塘水库	三板桥乡	禾水支流三板桥水	0.42	12.4	无

注 表中水库实时库容获取情况为 2015 年 5 月信息。

由表 5.8 知，莲花县共有 2 座中型水库，6 座小（1）型水库，27 座小（2）型水库，其中有 8 座水库具有实时库容。为推求该县小（2）型水库及山塘实时库容值，将该县有实时库容值的水库分类，研究各类水库总库容与其库容率的关系。本书将 8 个有实时库容率的水库分为 100 万～200 万 m³、200 万～300 万 m³、中型水库、全县水库以及全县小（1）型水库，分别提取莲花县 2013—2015 年 7—9 月部分时段水库日实时库容值，将数据进行初步处理计算出各类水库的实时库容率，绘出三年莲花县各类水库总库容与实时库容率的关系曲线见图 5.3～图 5.5。为方便表述，将水库库容 100 万～200 万 m³、200 万～300 万 m³、300 万～400 万 m³、400 万～500 万 m³、全县水库、中型水库、小（1）型水库等的库容率分别表示为 $\eta_{100\sim200}$、$\eta_{200\sim300}$、$\eta_{300\sim400}$、$\eta_{400\sim500}$、$\eta_{全县}$、$\eta_{中型}$、$\eta_{小(1)}$ 等。

当雨水丰沛，来水充足时，各类水库、山塘水位均处于高位；当干旱少雨

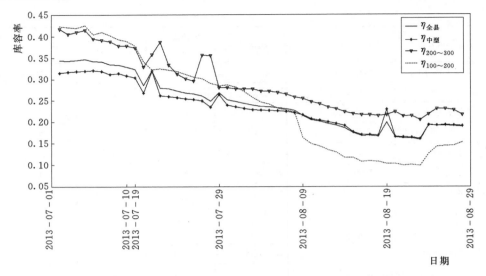

图 5.3　莲花县 2013 年 7 月 1 日至 8 月 29 日各类水库平均库容率趋势图

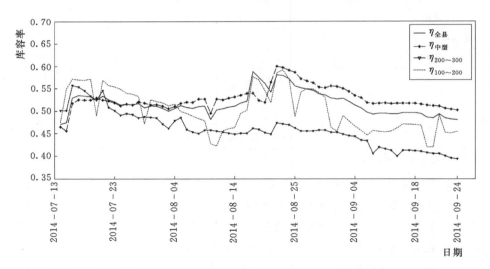

图 5.4　莲花县 2014 年 7 月 13 日至 9 月 24 日各类水库平均库容率趋势图

时，大中型水库库容缓慢减少，小（2）型水库及山塘由于库容小、储水少和用水快，库容下降更快，容易干旱。

从图 5.3 可知，当全县中型水库平均库容率小于 0.23 左右时，总库容为 100 万～200 万 m³ 的水库库容率急剧减小，而 200 万～300 万 m³ 的水库库容率减小得相对较平缓；当中型水库平均库容率介于 0.23～0.30 之间时，总库容为 100 万～200 万 m³ 的水库库容率总体来看小于 200 万～300 万 m³ 的水库

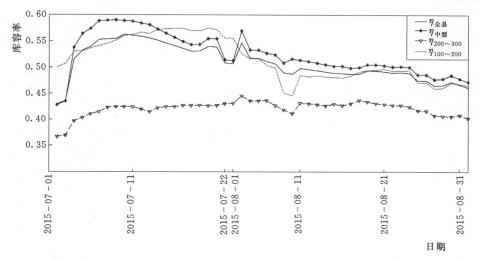

图 5.5　莲花县 2015 年 7 月 1 日至 8 月 31 日各类水库平均库容率趋势图

库容率；当中型水库平均库容率大于 0.30 时，总库容为 100 万～200 万 m³ 的水库库容率与 200 万～300 万 m³ 的水库库容率接近。

为进一步研究水库总库容和实时库容率之间的关系，选取江西省全省 10819 座水库进行分析，分别提取 2013 年 7 月 1 日至 9 月 28 日、2014 年 7 月 1 日至 8 月 31 日、2015 年 7 月 1 日至 8 月 25 日江西省全省总库容 100 万～200 万 m³、200 万～300 万 m³、300 万～400 万 m³、400 万～500 万 m³ 及全省小（1）型水库的总库容率与日实时库容率，作出相关趋势曲线见图 5.6～图 5.8。

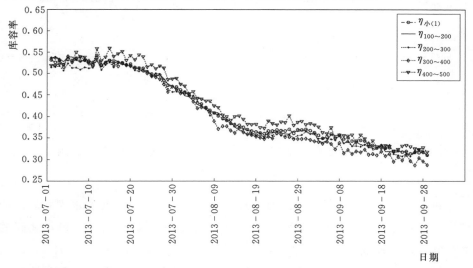

图 5.6　江西省 2013 年 7 月 2 日至 9 月 30 日 500 万 m³ 以下各类水库平均库容率趋势图

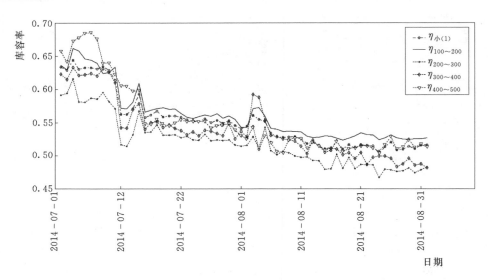

图 5.7　江西省 2014 年 7 月 1 日至 8 月 31 日 500 万 m³ 以下各类水库
平均库容率趋势图

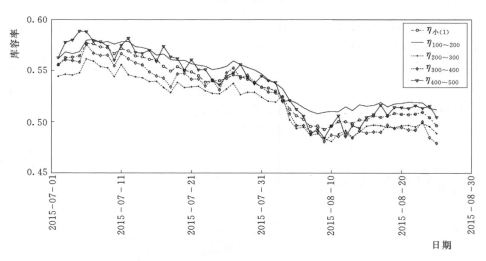

图 5.8　江西省 2015 年 7 月 1 日至 8 月 25 日 500 万 m³ 以下各类水库
平均库容率趋势图

　　如图 5.6～图 5.8 所示，江西省总库容 500 万 m³ 以下各类水库同时段的平均库容率比较接近，同时间 $\eta_{100\sim200}$、$\eta_{200\sim300}$、$\eta_{300\sim400}$、$\eta_{400\sim500}$ 相互之间的绝对值之差几乎都在 0.05 之间，尤其是图 5.7 中 2014 年 7—8 月 $\eta_{100\sim200}$、$\eta_{200\sim300}$、$\eta_{300\sim400}$、$\eta_{400\sim500}$ 几乎相等。根据历史降雨干旱资料显示，2013 年 7—

9月江西干旱少雨，水库处于偏枯状态，而2014年、2015年江西省全省雨水充足，水库库容率基本都在0.5以上。从江西省2013—2015年的水库库容数据中可以初步认为总库容相近的水库实时库容率差别较小。

结合图5.3～图5.8可知，总库容越小的水库的库容率对天气变化越灵敏，并且可推知干旱时小（2）型水库库容率$\eta_{小(2)}$小于小（1）型水库库容率$\eta_{小(1)}$；降雨丰沛时则相反。因小（2）型水库及山塘总库容值介于0～100万 m^3 之间，根据以上分析可知应与总库容100万～200万 m^3 水库库容率曲线变化较接近。此外，考虑小（2）型水库及山塘蓄水量相对较小，故用莲花县总库容100万～200万 m^3 水库平均库容率代替全县小（2）型水库及山塘平均库容率；但根据调查中的实践经验，当莲花县 $\eta_{100\sim200}$ 小于0.1时，该县小（2）型水库及山塘可认为干涸即库容为零。

综上，莲花县小（2）型水库的平均库容率可用下式表示：

$$\eta_{小(2)}=\begin{cases}\eta_{100\sim200}, & \eta_{100\sim200}>0.1\\ 0, & \eta_{100\sim200}\leqslant0.1\end{cases} \tag{5.11}$$

式中　$\eta_{小(2)}$——全县小（2）型水库平均库容率；

　　　$\eta_{100\sim200}$——全县100万～200万 m^3 水库平均库容率。

莲花县山塘的平均库容率 $\eta_{山塘}$ 参照小（2）型水库的平均库容率计算；江西省其他县小（2）型水库及山塘平均库容率的推算可在式（5.11）的基础上作适当的调整。

5.2.4　模型建立及率定验证

1. 模型率定验证思路

根据以上历史干旱信息可知，分别利用2013年7月1—10日、2013年7月11—20日、2013年7月21—30日这三个时间段的历史干旱数据对研究灌区构建的缺水度模型进行参数率定，将建立的模型分别应用于2013年8月15日和2014年7月30日的旱情预测，模型率定验证流程见图5.9。

2. 模型参数率定

结合以上分析，对研究灌区建立缺水度模型，分别用2013年7月1—10日、7月21—30日、8月6—15日的干旱数据进行参数率定。该过程降水量数据以莲花县文汇江莲花雨量站数据作为已知输入量，蒸发量采用历史同期平均蒸发量，小（2）型水库及山塘实时库容率用全县100万～200万 m^3 水库平均库容率代替。根据实地调查获取研究灌区的历史干旱资料，对构建的缺水度模型参数进行率定，综合考察灌区运行现状、配套设施等，确定模型率定参数结果见表5.9。

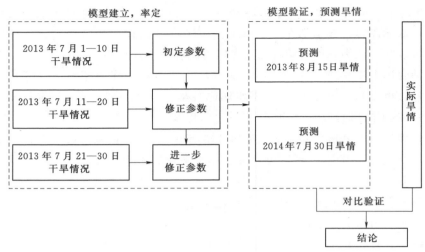

图 5.9 模型率定验证流程图

表 5.9 研究灌区水源工程综合水利用系数

灌 区	ξ_X	ξ_Y
楼梯蹬水库灌区	0.25	0.15
罗卜冲水库灌区	0.42	0.30
河江水库灌区	0.24	0.15

3. 模型验证

为进一步验证缺水度模型参数的正确性,分别利用 2013 年 8 月 6—15 日、2014 年 7 月 21—30 日的干旱数据进行模型验证率定。结合当前(2013 年 8 月 6 日、2014 年 7 月 21 日)研究灌区对应的水库实时库容、历史同期蒸发、耕地需水、河道水位等情况,分别预测研究灌区 2013 年 8 月 15 日和 2014 年 7 月 30 日的旱情,并与真实干旱情况对比,旱情预测结果见表 5.10。

表 5.10 旱 情 预 测 结 果

日 期	灌 区	缺水率/%	预测	实际
2013 - 08 - 15	楼梯蹬水库灌区	63.29	特大干旱	特大干旱
2013 - 08 - 15	罗卜冲水库灌区	58.69	特大干旱	特大干旱
2013 - 08 - 15	河江水库灌区	42.88	严重干旱	严重干旱
2014 - 07 - 30	楼梯蹬水库灌区	−49.21	不旱	不旱
2014 - 07 - 30	罗卜冲水库灌区	−13.66	不旱	不旱
2014 - 07 - 30	河江水库灌区	−41.77	不旱	不旱

表 5.10 的结果表明本章所建立的缺水度模型预测旱情结果基本与实际旱情一致。其中,2014 年 7 月 30 日研究灌区预测的缺水率全为负值,则说明这

三个灌区当日供水有盈余。但缺水率为负并不表示灌区会因此而造成洪涝灾害，出现作物受淹的现象，因为以上计算的结果是基于最不利情况考虑的，而从水库管理角度而言相关部门会控制好水库放水，不会将水库蓄水一泄而尽。

5.2.5 模型对比验证

为进一步检验模型的可靠性，以连续无雨日数为农业干旱指标，相应干旱等级的划分参考《旱情等级标准》（SL 424—2008）中的相关规定。连续无雨日数即连续无有效降水的天数。楼梯蹬、罗卜冲、河江水库灌区分别参考界化垅、陂头石、浯源这三个雨量站点降水数据，通过查询以上站点降水资料，分别计算 2013 年 8 月 15 日和 2014 年 7 月 30 日研究灌区旱情等级，并与本书构建的缺水度模型结果对比，具体见表 5.11。

表 5.11　　　　　　　　　　　旱 情 预 测 结 果 对 比

日　期	灌　区	连续无雨日数 /d	连续无雨日数预测	缺水率预测	实际
2013 - 08 - 15	楼梯蹬水库灌区	26	严重干旱	特大干旱	特大干旱
	罗卜冲水库灌区	37	特大干旱	特大干旱	特大干旱
	河江水库灌区	26	严重干旱	严重干旱	严重干旱
2014 - 07 - 30	楼梯蹬水库灌区	7	轻度干旱	不旱	不旱
	罗卜冲水库灌区	1	不旱	不旱	不旱
	河江水库灌区	0	不旱	不旱	不旱

由以上结果可知，缺水度模型和连续无雨日数都能大体上反映农业干旱的总体情况，但前者较后者更能反映实际干旱程度。因为连续无雨日数是通过降水量的变化间接反映农业干旱，而缺水率直接反映农作物的缺水情况，更能反映出作物的实际旱情以及干旱过程变化，但利用连续无雨日数评估农业旱情，具有概念清晰、直观、可操作性强的优势。

5.3 小结

缺水度模型即根据水量平衡原理计算特定时间、特定区域农作物余缺水情况，因该模型涉及参数较多，故需结合历史干旱资料对模型参数率定验证，经率定验证后的模型可用于监测预测农业干旱；同时以江西省莲花县为例，介绍了模型的构建、率定验证。

此外，通过对比发现，缺水率较连续无雨日数能更直接反映农作物缺水情况，能直接反映出作物的实际旱情以及干旱过程变化。

第 6 章

基于缺墒模型的农业旱情研判

旱地是南方丘陵区重要的耕地组成之一，关于旱地农业旱情的研判技术较水田成熟。当前主要利用墒情站点监测旱地农业旱情，且该方法简单、高效、直接；运用土壤退墒曲线预报农业旱情、基于新安江模型模拟土壤墒情等方法也成为旱地农业旱情研判的重要方法。本章以江西省为例介绍基于缺墒模型的农业旱情研判方法及实践。

6.1 缺墒模型基本原理

运用缺墒模型可实现对旱地农业旱情的研判，即监测预测旱地旱情。农业旱情监测主要通过布设墒情站点监测旱地土壤含水量，运用式（4.2）转换为土壤相对含水量，参考表 4.3 旱地农业旱情等级划分标准即可得出旱地实时干旱等级。墒情信息采集相关方法可参考本书 4.3 节。

此外，缺墒模型也适用于旱地农业旱情的分析预测，通过旱地土壤墒情变化趋势预测，达到旱地农业干旱等级预测。本书采用了两种方法推测旱地土壤墒情：一是通过大量的历史墒情观测资料（无有效降水期间），运用数理统计的方法得出各地墒情站点土壤墒情退墒曲线规律，预测未来时段土壤墒情值；二是通过构建新安江三水源模型，预测未来时段土壤墒情值，该方法在有无有效降水条件下均适用。最后，将以上两种方法得出的墒情值相互对比校核，确定最终的预测墒情值，参考相关旱情规范将预测墒情值转化为预测的干旱等级。

运用缺墒模型监测农业旱情的方法相对简单，因此本章主要介绍如何运用缺墒模型预测农业旱情。缺墒模型研判农业旱情基本原理见图 6.1。

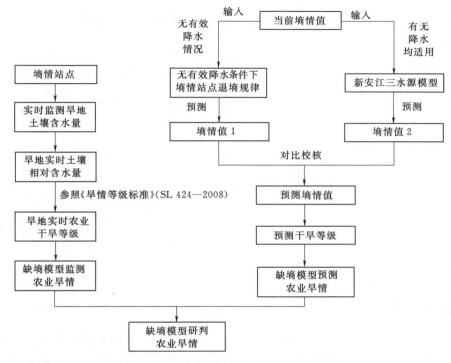

图 6.1 缺墒模型研判农业旱情基本原理图

6.2 土壤退墒曲线预报农业旱情

6.2.1 退墒曲线分析思路

运用土壤退墒曲线预报土壤墒情主要适用于干旱无雨的情况,通过收集历史墒情数据,推出各墒情站的土壤退墒曲线,分析土壤墒情消退规律,推测未来时段土壤含水量的变化,实现旱地旱情预测。江西省干旱多发生于 6—10月,所以选择每年 6—10 月墒情站点监测数据分析;同时,为保证数据系列的长度和连续性,本书筛选出连续 10d 以上无有效降水的墒情站点进行分析。因此,首先对全省距离墒情站点最近的雨量站进行统计,找出有墒情站以来 6—10 月连续 10d 以上无有效降水的监测数据;然后再分析相对应的 10d 以上各墒情站点的 10cm、20cm、40cm 土层厚度下的含水量,绘制各站点的退墒曲线。当干旱发生时,在当前监测土壤墒情数据基础上,根据各墒情站点退墒曲线变化规律,推测未来时段土壤墒情的变化,进而达到预测干旱发展趋势目标。土壤退墒曲线预测农业旱情的基本思路见图 6.2。

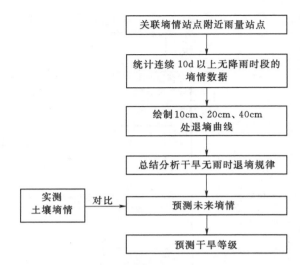

图 6.2　土壤退墒曲线预测农业旱情的基本思路

6.2.2　应用实例

根据图 6.2 所示土壤墒情退墒曲线预测思路，本书以遂川墒情固定站点为例进行阐述。遂川墒情站位于吉安市遂川县雩田镇中洲村，对应雨量站亦参考遂川站。根据降水数据，遂川县 2010 年 7 月 1—13 日时段内无有效降水，选取该时段内遂川墒情站墒情数据为样本研究遂川墒情站退墒规律。遂川墒情站 2010 年 7 月 1—13 日的实测数据见表 6.1，部分时段退墒曲线见图 6.3。

表 6.1　　　　　遂川墒情站 2010 年 7 月 1—13 日的实测数据

日　期	SLM10/%	SLM20/%	SLM40/%	实测平均值/%
2010－07－01	25.1	29.4	30.5	28.06
2010－07－02	24.7	29.1	30.3	27.75
2010－07－03	24.0	28.5	29.9	27.16
2010－07－04	23.4	27.9	29.5	26.61
2010－07－05	22.7	27.1	29.1	25.95
2010－07－06	22.3	26.3	28.5	25.35
2010－07－07	21.9	25.4	27.9	24.71
2010－07－08	21.6	24.8	27.4	24.25
2010－07－09	21.3	24.4	27.1	23.91
2010－07－10	20.8	23.7	26.6	23.34

续表

日　期	SLM10/％	SLM20/％	SLM40/％	实测平均值/％
2010 - 07 - 11	20.2	22.9	26.3	22.74
2010 - 07 - 12	19.7	22.1	25.7	22.10
2010 - 07 - 13	19.1	21.6	25.4	21.61

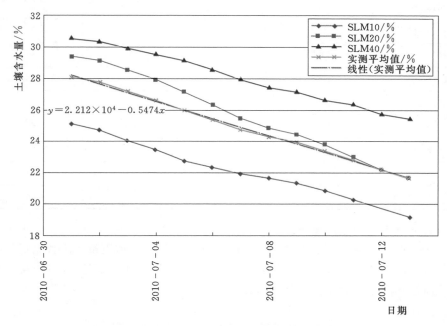

图 6.3　遂川墒情站 2010 年部分时段退墒曲线

由图 6.3 可知，干旱无有效降水情况下遂川墒情站区域内土壤墒情以每天0.5474 的速率降低。由该站点墒情退墒规律，推测遂川站 2015 年 7 月 25 日至 8 月 7 日墒情变化，根据实测降水资料，该时段内无有效降水，具体预测对比结果见表 6.2。由该表可发现，预测墒情值与实测平均墒情值的相对误差在0.3％～9％范围内，能大致推测出墒情变化趋势。

表 6.2　遂川墒情站 2015 年 7 月 25 日至 8 月 7 日墒情预测对比结果

日　期	实测平均值/％	预测平均值/％	预测天数/d	相对误差/％
2015 - 07 - 25	23.4			
2015 - 07 - 26	23.2	22.9	1	1.42
2015 - 07 - 27	22.8	22.3	2	1.82

续表

日　　期	实测平均值 /%	预测平均值 /%	预测天数 /d	相对误差 /%
2015 - 07 - 28	22.3	21.8	3	2.08
2015 - 07 - 29	21.6	21.2	4	1.61
2015 - 07 - 30	21.0	20.7	5	1.23
2015 - 07 - 31	20.3	20.1	6	0.52
2015 - 08 - 01	19.5	19.6	7	0.37
2015 - 08 - 02	18.8	19.1	8	1.20
2015 - 08 - 03	18.2	18.5	9	1.73
2015 - 08 - 04	18.1	18.0	10	0.60
2015 - 08 - 05	18.0	17.4	11	3.29
2015 - 08 - 06	17.8	16.9	12	5.41
2015 - 08 - 07	17.8	16.3	13	8.36

　　为进一步验证遂川墒情站以上退墒规律的合理性，选取该县 2015 年 7 月 1 日至 9 月 30 日墒情监测数据（10cm、20cm、40cm）和雨量实测数据进行对比分析，图 6.4、图 6.5 分别为遂川县 2015 年 7 月 1 日至 9 月 30 日土壤墒情变化曲线和降水量分布图，从中可以得出：

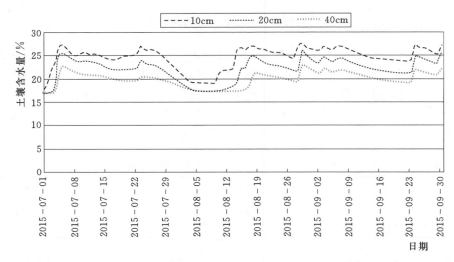

图 6.4　遂川县 2015 年 7 月 1 日至 9 月 30 日土壤墒情变化曲线

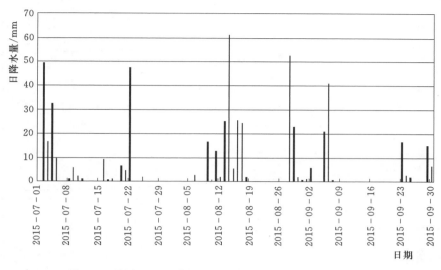

图 6.5　遂川县 2015 年 7 月 1 日至 9 月 30 日降水量分布图

（1）土壤层各深度范围内（10cm、20cm、40cm）含水量的消长过程基本保持一致，且与降水量密切相关。

（2）随着土壤层深度的增加，土壤含水量受降水影响的消长曲线趋于平滑。

因此，运用土壤墒情退墒规律预测旱地墒情变化趋势具有一定的合理性、可行性和可操作性。

6.2.3　退墒规律统计分析

按照以上方法对江西省 68 处固定墒情站点历史墒情监测数据统计分析，根据 10cm、20cm、40cm 各土层厚度下的含水量绘制相应的墒情变化曲线，最终得出各站点在无有效降水工况下墒情消退速率。经统计分析，全省 68 处墒情站点退墒规律基本合理。下面从 11 个设区市中选择典型的合理或者基本合理站点退墒曲线资料反映各个地区土壤墒情消退规律，见图 6.6～图 6.15。

（1）南昌市。万埠试验站 2011 年 7 月 26 日至 8 月 1 日（连续未降水时段）退墒曲线，10cm、20cm、40cm 各土层厚度下土壤含水量均无明显下降（图 6.6）。

（2）宜春市。万载站 2013 年 7 月 2—14 日（连续未降水时段）退墒曲线见图 6.7，10cm、20cm 土层厚度下土壤含水量下降较明显。

（3）吉安市。遂川站 2010 年 7 月 1—13 日（连续未降水时段）退墒曲线，

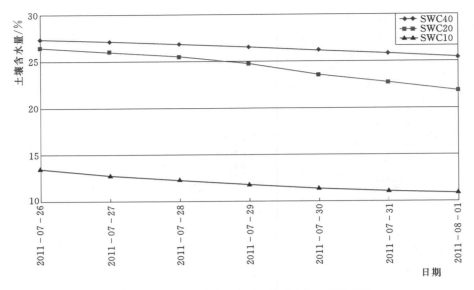

图 6.6 南昌市典型墒情站 （万埠试验站） 退墒曲线

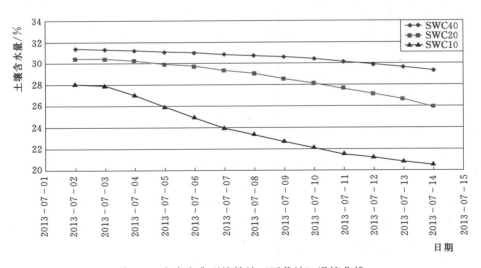

图 6.7 宜春市典型墒情站 （万载站） 退墒曲线

10cm、20cm、40cm 各土层厚度下土壤含水量下降均较明显。土壤退墒曲线见图 6.3。

（4）抚州市。乐安站 2013 年 7 月 18 日至 8 月 7 日 （连续未降水时段） 退墒曲线见图 6.8，10cm、20cm、40cm 各土层厚度下土壤含水量均无明显下降，但出现 10cm 土层厚度下土壤含水量一直都比 20cm 土层厚度下的大的现象。

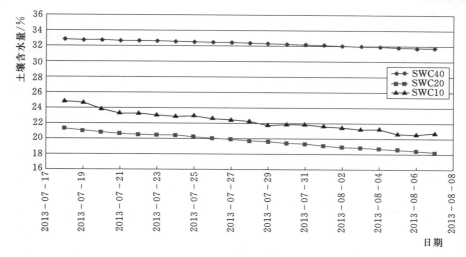

图 6.8 抚州市典型墒情站（乐安站）退墒曲线

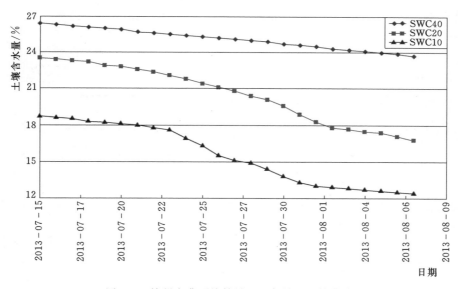

图 6.9 赣州市典型墒情站（于都站）退墒曲线

（5）赣州市。于都站 2013 年 7 月 15 日至 8 月 7 日（连续未降水时段）退墒曲线见图 6.9，20cm、10cm 土层厚度下土壤含水量均有明显下降，40cm 土层厚度下含水量下降不显著。

（6）景德镇市。乐平站 2013 年 7 月 22 日至 8 月 7 日（连续未降水时段）退墒曲线见图 6.10，40cm、20cm、10cm 各土层厚度下土壤含水量均无明显下降，且出现 20cm、10cm 土层厚度下土壤含水量一直大于 40cm 土层厚度下

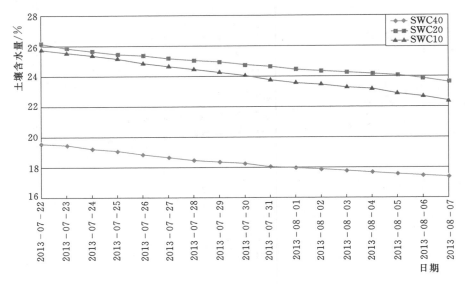

图 6.10　景德镇市典型墒情站（乐平站）退墒曲线

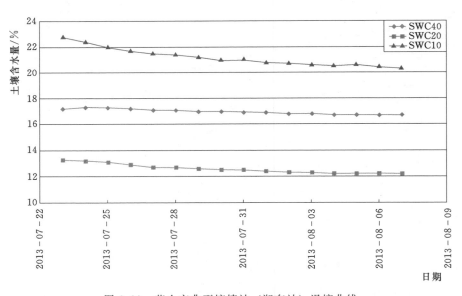

图 6.11　萍乡市典型墒情站（湘东站）退墒曲线

土壤含水量的异常现象。

（7）萍乡市。湘东站 2015 年 7 月 23 日至 8 月 7 日（连续未降水时段）退墒曲线见图 6.11，40cm、20cm、10cm 各土层厚度下土壤含水量均无明显下降，但出现 10cm 土层厚度下土壤含水量一直大于 20cm 土层厚度下土壤含水

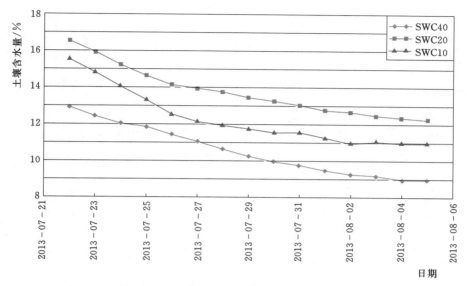

图 6.12　鹰潭市典型墒情站（贵溪站）退墒曲线

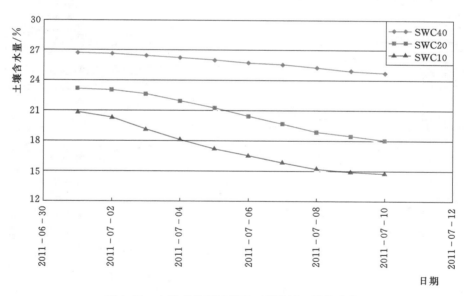

图 6.13　上饶市典型墒情站（鄱阳站）退墒曲线

量的异常现象。

（8）鹰潭市。贵溪站 2013 年 7 月 22 日至 8 月 5 日（连续未降水时段）退墒曲线见图 6.12，40cm、20cm、10cm 各土层厚度下的土壤含水量均明显下降。

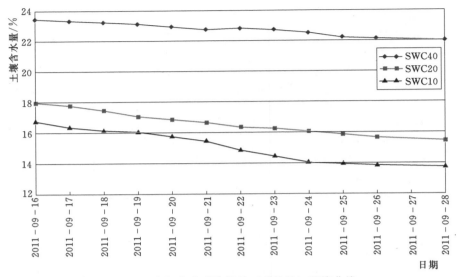

图 6.14　九江市典型墒情站（瑞昌站）退墒曲线

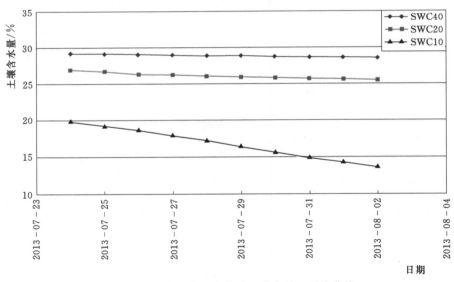

图 6.15　新余市典型墒情站（分宜站）退墒曲线

（9）上饶市。鄱阳站 2011 年 7 月 1—10 日（连续未降水时段）退墒曲线见图 6.13，40cm 土层厚度下的土壤含水量无明显下降，20cm、10cm 土层厚度下的土壤含水量明显下降。

（10）九江市。瑞昌站 2011 年 9 月 16—28 日（连续未降水时段）退墒曲线见图 6.14，10cm 土层厚度下的土壤含水量有所下降，40cm、20cm 土层厚度下的土壤含水量则无明显下降。

　　（11）新余市。分宜站 2013 年 7 月 24 日至 8 月 2 日（连续未降水时段）退墒曲线见图 6.15，10cm 土层厚度下土壤含水量出现明显下降，但 20cm、40cm 土层厚度下土壤含水量土均无明显下降。

6.3　基于新安江模型的土壤墒情模拟

6.3.1　预测方法

　　新安江模型[72]是河海大学赵人俊等 1973 年对新安江水库作入库流量预报工作中提出来的降水径流流域模型，简称新安江模型。它的特点是认为湿润地区主要产流方式为蓄满产流，所提出的流域蓄水容量曲线是模型的核心。它包括四个模块：产流量的计算、蒸散发计算、水源划分、汇流计算。因此，可用当前土壤墒情实测值为初始值输入，借助新安江三水源模型模拟计算预测时段旱地土壤含水量，预测各分区旱地土壤农业旱情。新安江三水源模型预测技术路线见图 6.16。

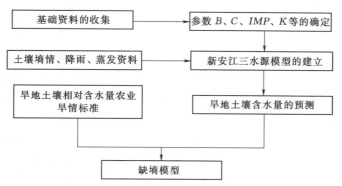

图 6.16　新安江三水源模型预测技术路线

　　本书采用三层蒸散发模型，根据蓄满产流计算和蒸散发计算两个模块，建立起新安江三水源模型。

6.3.2　模型参数

　　运用新安江模型预测土壤墒情，关键在于确定模型参数，尤其是参数 B、C、IMP 和 K 等参数的确定。

　　1. 参数介绍

　　模型结构的通用性比较大，模型参数则不同，每个地区都具有不同的参数。

B 是地形地质参数,表示蓄水量分布的不均匀性。对于山区,小面积(数平方千米)可取为 0.1,中等面积(300km² 以内)可取为 0.2~0.3,较大面积(数千平方千米)可取为 0.3~0.4。

C 是深层蒸散发系数。它决定于深根植物占地区面积的比数,同时也与 WUM+WLM 值有关,比值越大,深层蒸散发越困难,C 值就越小,或反之。一般经验,在江南湿润地区 C 值为 0.15~0.20,而在华北半湿润地区 C 值为 0.09~0.12。

K 是地区蒸散发能力与实测水面蒸发值之比。E601 型蒸发皿的实测值基本上可作为蒸发能力的初值,但必须考虑高程改正。一般经验,高程相差 1000.00m,气温相差 0.6℃ 左右,再查相关图,就可以找到蒸散发能力的差值,据此可以估计改正系数,即 K 值。

IMP 是不透水面积占全地区面积之比(如有详细地图,可以量出),可找干旱期降小雨的资料来分析,这时有一场很小的洪水,完全是不透水面积上产生的,求出此洪水的径流系数,就是 IMP[72-73]。

2. 土壤区域划分

本书研究的是旱地干旱缺墒模型,针对的是江西省各地区的旱地。

旱地土壤耕层质地,根据机械组成分析结果统计,全省旱地土壤黏粒(小于 0.01mm)在 0~77.3%,质地在松砂土至中黏土之间,但以轻壤土、中壤土和重壤土所占比例较大。砂壤土以下占 20%,轻黏土以上占 10.8%。全省砂土占 2.5%,主要分布在赣州、宜春、南昌和九江等地沿江的砂质潮土上;砂壤土占 17.5%,各地市均有一定的面积,所占比例较大,主要是砂质潮土和部分麻砂泥土;轻壤土占 22.0%,以抚州、赣州、上饶、吉安等地市所占比例较大,主要是砂质潮土和麻砂泥土,部分是红砂泥土;中壤土占 24.1%,以南昌、赣州、吉安和宜春所占比例较大,主要是红砂泥土和壤质潮土,部分为麻砂泥土和黄砂泥土;重壤土占 23.1%,以南昌、九江、鹰潭所占的比例较大,主要是砂质潮土和鳝泥土,部分为黄泥土、紫褐泥土、紫泥土和马肝土等;黏土占 10.8%,以上饶和九江居多,主要是黄泥土、马肝土和石灰泥土,部分为鳝泥土和灰潮土。

3. 参数优选

确定这些参数的常用办法是先用实测值或者类似经验定好参数的初值,然后用模型计算出实际的含水量,再与实际过程对比,做优化调试,确定参数的最优值,最后检查其合理性,有时要再做调整。参数调试用的是试错法,采用试错法进行参数调试是一个十分耗时的过程,随着计算机的普及和发展,数学优化方法得到广泛的应用。本次采用半隐式 R.K 方法——罗森布罗克(Rosenbroke)法来进行参数的优选。

Rosenbroke 法的基本原理是以优化的 n 个参数构造 1 个 n 维坐标系，通过目标函数计算，按一定的规则改变每个参数新的搜索方向和步长，直到目标最优。目标函数考虑流量级（门槛值 Q_r）和不同的目标函数权重 α。

当 $Q_0(i) > Q_r$ 时：

$$f_1 = \sum_{i=1}^{n_1} [Q_0(i) - Q_c(i)]^2 \left(1 + \frac{\overline{Q_0} - \overline{Q_c}}{\overline{Q_0}}\right) \qquad (6.1)$$

当 $Q_0(j) \leqslant Q_r$ 时：

$$f_2 = \sum_{j=1}^{n_2} [Q_0(j) - Q_c(j)]^2 \left(1 + \frac{\overline{Q_0} - \overline{Q_c}}{\overline{Q_0}}\right) \qquad (6.2)$$

则目标函数可写为：

$$f = \min\{\alpha f_1 + (1-\alpha) f_2\} \qquad (6.3)$$

式中　　Q_0——观测量；

$\quad\quad\quad Q_c$——模拟量；

$\quad\quad\quad n_1$——$Q_0 > Q_r$ 的资料数；

$\quad\quad\quad n_2$——$Q_0(i) \leqslant Q_r$ 的资料数；

$n = n_1 + n_2$——率定资料长度。

该优化方法优化速度较快，但对初值有一定的要求。优化计算收敛的标准为搜索步长的给定值。

下面以遂川县为例进行参数的优化选择。

根据参数的特性，首先对参数进初始化，参数初始值见表 6.3。其中 WM、WUM、WLM、WDM、W、WU、WL、WD 是实测值。

表 6.3　　　　　　　　　　参 数 初 始 值

IMP	B	C	K	WM	WUM	WLM	WDM	W	WU	WL	WD
0.02	0.35	0.20	0.6	120	20	80	20	35.4	0	15.4	20

应用 Rosenbroke 法对参数进行优化，优化后的参数见表 6.4。

表 6.4　　　　　　　　　　优 化 后 的 参 数 值

IMP	B	C	K	WM	WUM	WLM	WDM	W	WU	WL	WD
0.01	0.40	0.15	0.5	120	20	80	20	35.4	0	15.4	20

根据优化的参数以及实际的降水、蒸发资料（表 6.5），应用模型进行计算，得出其含水量变化过程，其计算结果见表 6.6。

表 6.5 降水量及最大蒸发过程 单位：mm

时 间		P	EM
月	日		
	20		
	21	0	4.8
	22	16.5	1
	23	1.9	2.2
	24	0	5
6	25	0	6.6
	26	0	5.9
	27	1.2	6.8
	28	3.7	4.2
	29	0	4.6
	30	63.3	4.9
	1	3.7	4.6
7	2	0	6.1
	3	0	7
	4	0	6.4

表 6.6 应用模型计算含水量变化过程的计算结果

时 间		P/mm	EM/mm	PE	R	E	W/%
月	日						
	20						35.40
	21	0	4.8	−2.4	0.00	0.46	34.94
	22	16.5	1	16	2.00	0.50	48.94
	23	1.9	2.2	0.8	0.12	1.10	49.62
	24	0	5	−2.5	0.00	2.50	47.12
6	25	0	6.6	−3.3	0.00	3.30	43.82
	26	0	5.9	−2.95	0.00	2.95	40.87
	27	1.2	6.8	−2.2	0.00	3.40	38.67
	28	3.7	4.2	1.6	0.19	2.10	40.08
	29	0	4.6	−2.3	0.00	2.30	37.78
	30	63.3	4.9	60.85	12.46	2.45	86.18
	1	3.7	4.6	1.4	0.44	2.30	87.14
7	2	0	6.1	−3.05	0.00	3.05	84.09
	3	0	7	−3.5	0.00	3.50	80.59
	4	0	6.4	−3.2	0.00	3.20	77.39

　　从图 6.17 中可以看出，Rosenbroke 法取得了较好的效果，使计算值与实测值的误差较小。用同样的方法对江西省其他各县（市、区）进行优化参数计算，各分区参数值见表 6.7。

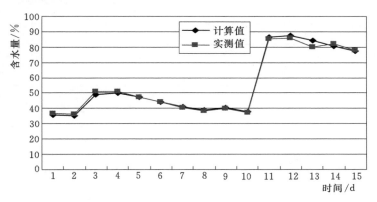

图 6.17　实测值与计算值对比图

表 6.7　　　　　　　　　江西省各分区 *IMP*、*K*、*B*、*C* 参数值

设区市	县（市、区）	*IMP*	*K*	*B*	*C*
南昌	湾里区	0.02	0.41	0.15	0.17
	昌北区	0.02	0.50	0.15	0.18
	青山湖区	0.02	0.41	0.15	0.20
	南昌县	0.02	0.50	0.15	0.15
	新建区	0.02	0.50	0.15	0.14
	安义县	0.02	0.50	0.15	0.19
	进贤县	0.02	0.40	0.15	0.15
九江	濂溪区	0.02	0.41	0.21	0.16
	共青城市	0.02	0.42	0.20	0.13
	柴桑区	0.02	0.60	0.23	0.15
	武宁县	0.02	0.60	0.25	0.17
	修水县	0.02	0.60	0.26	0.16
	永修县	0.02	0.40	0.25	0.15
	德安县	0.02	0.41	0.21	0.18
	庐山市	0.02	0.42	0.23	0.13
	都昌县	0.02	0.49	0.21	0.15
	湖口县	0.02	0.36	0.24	0.14
	彭泽县	0.02	0.35	0.25	0.19
	瑞昌市	0.02	0.32	0.20	0.12

设区市	县（市、区）	*IMP*	*K*	*B*	*C*
赣州	章贡区	0.01	0.40	0.15	0.17
	黄金区	0.01	0.41	0.15	0.16
	赣县区	0.01	0.47	0.15	0.16
	信丰县	0.01	0.49	0.15	0.15
	大余县	0.01	0.46	0.15	0.17
	上犹县	0.01	0.43	0.15	0.18
	崇义县	0.01	0.42	0.15	0.2
	安远县	0.01	0.39	0.15	0.15
	龙南县	0.01	0.49	0.15	0.14
	定南县	0.01	0.49	0.15	0.19
	全南县	0.01	0.49	0.15	0.15
	宁都县	0.01	0.41	0.15	0.16
	于都县	0.01	0.41	0.15	0.13
	兴国县	0.01	0.41	0.15	0.14
	会昌县	0.01	0.39	0.15	0.19
	寻乌县	0.01	0.41	0.15	0.13
	石城县	0.01	0.41	0.15	0.15
	瑞金市	0.01	0.50	0.15	0.17
	南康区	0.01	0.50	0.15	0.16
抚州	临川区	0.02	0.40	0.26	0.16
	南城县	0.02	0.41	0.25	0.15
	黎川县	0.02	0.42	0.21	0.17
	南丰县	0.02	0.45	0.23	0.16
	崇仁县	0.02	0.36	0.26	0.15
	乐安县	0.02	0.35	0.24	0.18
	宜黄县	0.02	0.49	0.2	0.19
	金溪县	0.02	0.48	0.24	0.15
	资溪县	0.02	0.47	0.21	0.16
	东乡县	0.02	0.43	0.23	0.17
	广昌县	0.02	0.39	0.21	0.13
萍乡	安源区	0.01	0.60	0.21	0.18
	湘东区	0.01	0.62	0.23	0.15

续表

设区市	县（市、区）	IMP	K	B	C
萍乡	莲花县	0.01	0.63	0.21	0.15
	上栗县	0.01	0.66	0.20	0.16
	芦溪县	0.01	0.59	0.23	0.16
景德镇	昌江区	0.01	0.40	0.25	0.15
	浮梁县	0.01	0.41	0.26	0.17
	乐平市	0.01	0.42	0.21	0.16
新余	渝水区	0.01	0.45	0.24	0.15
	分宜县	0.01	0.36	0.20	0.16
鹰潭	月湖区	0.01	0.35	0.24	0.13
	龙虎山区	0.01	0.49	0.21	0.14
	余江县	0.01	0.48	0.23	0.19
	贵溪市	0.01	0.47	0.26	0.13
宜春	奉新县	0.02	0.43	0.15	0.15
	万载县	0.02	0.39	0.15	0.17
	上高县	0.02	0.45	0.15	0.16
	宜丰县	0.02	0.46	0.16	0.16
	靖安县	0.02	0.44	0.14	0.15
	铜鼓县	0.01	0.40	0.21	0.15
	丰城市	0.02	0.50	0.23	0.17
	樟树市	0.02	0.60	0.21	0.18
	高安市	0.02	0.60	0.20	0.15
	袁州区	0.02	0.60	0.23	0.15
上饶	信州区	0.02	0.40	0.25	0.16
	上饶县	0.02	0.41	0.26	0.16
	广丰县	0.02	0.42	0.25	0.15
	玉山县	0.02	0.49	0.21	0.17
	铅山县	0.02	0.36	0.23	0.16
	横峰县	0.02	0.35	0.21	0.15
	弋阳县	0.02	0.32	0.24	0.18
	余干县	0.02	0.48	0.20	0.13
	鄱阳县	0.02	0.47	0.24	0.15
	万年县	0.02	0.43	0.21	0.16
	婺源县	0.02	0.39	0.23	0.17
	德兴市	0.02	0.45	0.26	0.19

续表

设区市	县（市、区）	IMP	K	B	C
吉安	吉州区	0.01	0.49	0.15	0.16
	青原区	0.01	0.49	0.15	0.16
	吉安县	0.01	0.49	0.15	0.15
	吉水县	0.01	0.41	0.15	0.17
	峡江县	0.01	0.41	0.15	0.18
	新干县	0.01	0.41	0.15	0.20
	永丰县	0.01	0.39	0.15	0.15
	泰和县	0.01	0.41	0.15	0.14
	遂川县	0.01	0.41	0.15	0.19
	万安县	0.01	0.50	0.15	0.15
	安福县	0.01	0.50	0.15	0.16
	永新县	0.01	0.40	0.15	0.13
	井冈山市	0.01	0.30	0.13	0.11

6.4 小结

本章阐述了缺墒模型研判农业旱情的基本原理，着重介绍了两种基于土壤墒情预测旱地农业旱情方法。土壤退墒曲线预测法通过统计分析墒情站点退墒曲线变化规律，适用于在干旱无雨情况下的旱地干旱预测；为弥补土壤退墒曲线只能用于无雨预测的不足，引入新安江三水源模型实现在降水情况下预测土壤墒情，运用该方法在有无雨条件下均可实现旱地旱情预测。

第 7 章

基于遥感指数模型的农业旱情监测

　　遥感技术具有宏观、客观、实时、经济等优势，能实时、快速、大范围地获取监测区域植被状态、土壤水分等多种要素的变化，受到越来越多干旱领域研究人员的青睐，已成为旱情监测的重要手段。目前，基于遥感的旱情监测方法较多，也取得了较好的效果，发展了大量农业旱情遥感监测模型，并出现大量遥感结合水文、陆面、气候等模型以及遥感陆面数据同化等监测预测的方法。使用遥感数据或结合少量地面监测站数据进行干旱监测和模拟，由于所需的参数较少，得到了较为广泛的应用。

7.1　常用的农业干旱遥感监测方法

　　按电磁波的光谱段分类，目前常用的农业干旱遥感监测方法可分为可见光-近红外、热红外、可见光-近红外-热红外、高光谱、微波等，使用遥感数据可实现土壤水分反演、植被指数计算、地表温度和植被冠层温度提取等反映农业旱情的遥感监测指标[74]。基于遥感的农业旱情监测方法可概括为基于热惯量、地表温度、植被指数、作物缺水指数、土壤水分反演、作物生长模型及综合分析模型等[75]。

7.1.1　热惯量

　　热惯量是物质热特性的一种综合量度，反映了物质与周围环境能量交换的能力，热惯量在地物温度的变化中起着决定性的作用。土壤热惯量与土壤的热传导率、比热容等有关，而这些特性与土壤含水量密切相关，理论上通过土壤热惯量可以推算土壤水分含量。

　　由于遥感数据无法直接获取原始热惯量模型中的参数值，在实际应用时，通常使用表观热惯量（ATI）来代替真实热惯量，建立表观热惯量与土壤含水量之间的关系，表示为

$$ATI = \frac{1-A}{T_{\max} - T_{\min}} \tag{7.1}$$

式中　A——全波段反照率；

　　　$T_{\max}$——1d 内土壤的最高温度；

　　　$T_{\min}$——1d 内土壤的最低温度。

使用遥感方法获取 1d 内土壤的最高温度和最低温度，即可计算出土壤含水量。Watson 等在 1971 年最早将热惯量应用于卫星遥感中，根据地物热惯量的不同来区分不同的地质单元，绘制了不同地区的热惯量图[76]。一些学者利用热惯量模型对干旱情况进行了监测，如刘振华等基于热惯量模型概念引入了地表显热通量和地表潜热通量反演表层土壤水[77]。热惯量法及其改进方法主要是依据土壤本身的热特性进行土壤水分反演，需获取纯土壤单元的温度信息，因此热惯量法主要适用于裸土类型，在有植被覆盖时需要考虑植被的影响。表观热惯量模型是在假定土壤性质一致的条件下，构建太阳辐射、地表温度与土壤水分的关系。因此，将土壤热惯量模型应用到不同的土壤类型时，还需要考虑土壤类型变化对土壤水分反演的影响。

7.1.2　地表温度

地表温度（Land Surface Temperature，LST）是研究地表和大气之间物质交换和能量交换的重要参数，是地球表面能量平衡的一个很好的指标，也是区域和全球尺度地表物理过程中的一个关键因子。根据地表温度辅助判别作物干旱是遥感干旱监测常用方法之一。LST 常由植被冠层温度和裸地表面温度等组成，当植物受水分胁迫时，植被冠层温度会升高，这是因为植物叶片气孔的关闭可以降低蒸腾导致的水分损失，从而造成地表潜热通量的降低，进而导致感热通量的增加，感热通量的增加又会导致冠层温度升高。因此植被冠层温度的升高可作为植物受到水分胁迫以及干旱发生的最初指示器，这一变化甚至在植物为绿色时就可能发生。对于裸地，土壤中含水量减少，土壤热容量相应变小，接收太阳辐射后容易升温，从而导致表面温度升高。裸地表面温度的升高是土壤干旱的表现，因此地表温度可用于干旱监测。

针对南方丘陵区多植被覆盖、下垫面复杂的特点，有研究表明，通过大气透射率和地面辐射率两个参数可反演出地表温度。

基于冠层温度发展了很多干旱监测方法，其中最为典型的是温度状态指数（Temperature Condition Index，TCI），该指数计算公式见式（7.2）：

$$TCI_j = \frac{T_{\max} - T_{sj}}{T_{\max} - T_{\min}} \tag{7.2}$$

式中　TCI_j——第 j 日的温度状态指数；

　　　T_{sj}——第 j 日的地表温度；

T_{max}、T_{min}——多年序列资料中，相应日地表温度的最大值、最小值。

TCI 越小，表示干旱越严重。

TCI 通常是建立在以下的假设条件下：在干旱条件下，地表水分减少进而影响作物的生长，导致作物冠层温度升高，并且该指数建立在植被生长主要与土壤水分相关较大而其他因素变化较小的假设下。然而，在实际的监测中，TCI 往往受到传感器、大气状况、植被因素等的影响而发生变化，造成监测的准确性降低。

基于 TCI 的作物干旱遥感监测研究将冠层温度的变化视为受旱情况的标志，本质上是通过简化干旱计算参数来获取干旱的量度，在大尺度区域时，这一假定很可能存在很大的误差，导致这一指数的计算精度降低。

昼夜温差（TD）也常作为干旱监测模型中的关键因子，它与地表层 $0\sim100cm$ 的土壤含水量有很强的相关性，温差越大，含水量越少，干旱程度越重。

7.1.3　植被指数

植被指数是干旱监测模型中不可缺少的因子，是植被覆盖区进行干旱监测的重要参考因素之一。其中归一化植被指数（NDVI）被广泛用于植被遥感，该指数使用红波段和近红外波段的辐射和反射，红波段位于强叶绿素吸收区，而近红外波段位于植被冠层的高反射区，这两个通道感知不同的植被冠层深度。

NDVI 的表示公式为：

$$NDVI=\frac{R_{nir}-R_{red}}{R_{nir}+R_{red}} \tag{7.3}$$

式中　R_{nir}、R_{red}——近红外和红波段的反射率。

植被状态指数（Vegetation Condition Index，VCI）是对 NDVI 的延伸，在农业干旱监测中也较为常用，其计算公式为：

$$VCI=\frac{NDVI_i-NDVI_{min}}{NDVI_{max}-NDVI_{min}} \tag{7.4}$$

式中　　　　$NDVI_i$——第 i 年某一日的 $NDVI$ 值；

$NDVI_{max}$ 和 $NDVI_{min}$——多年资料序列中相应日 $NDVI$ 的最大值和最小值；

$NDVI_{max}-NDVI_{min}$——分析期内 $NDVI$ 的最大变化范围，反映了当地植被的生境。

VCI 值越小，说明作物长势越差。该指数实质上是通过对比植被长势与历年长势最好和最差之间的差异，并认为若植被长势良好，则干旱发生的可能性或程度较低。

此外，依据植被长势及状态进行干旱监测的指数还有距平植被指数（Anomaly Vegetation Index，AVI）、标准植被指数（Standard Vegetation Index，SVI）、归一化干旱指数（NDDI）等，此类指数一般通过植物长势的差异评价干旱的程度。另一类以植被冠层水分状态来评价干旱的程度，包括短波红外垂直失水指数（Short wave infrared Perpendicular water Stress Index，SPSI）、归一化差异水分指数（Normalized Difference Water Index，NDWI）、全球植被水分指数（Global Vegetation Moisture Index，GVMI）、短波红外水分胁迫指数（Shortwave Infrared Water Stress Index，SIWSI）等。

有研究指出，使用植被指数进行干旱监测可以弱化土壤背景和地区差异等影响，该方法尤其适合于植被茂密地区的干旱监测。然而，以植被状态表征干旱程度存在一定的滞后性，导致该指数可能存在干旱预警时效性降低等问题，同时，对于地表植被年际变化较大的区域可能导致监测效果不佳。

7.1.4 作物缺水指数

作物缺水指数是以蒸散发为基础，通过蒸散发进行干旱监测的基本原理为：在蒸腾作用下，健康植物叶片温度较裸土温度低，受水分胁迫后蒸腾量减小导致叶片温度升高。因此通过测量叶片温度，基于能量平衡原理反演地表蒸发（腾）量，结合地面观测的土壤水分进行标定，最终获取蒸发（腾）量来表达土壤含水量。作物缺水指数（Crop Water Stress Index，CWSI）是基于蒸散发的较为常用的干旱遥感监测指数，有些学者称之为蒸散胁迫指数。作物缺水指数（CWSI）的计算公式如下：

$$CWSI = 1 - \frac{ET}{ETP} \tag{7.5}$$

式中　ET——实际蒸散量；

　　　ETP——潜在蒸散量。

CWSI 的值在 0～1 之间，CWSI 实际上表示植被当前的蒸散与最大可能蒸散的关系，该值越大，表明与最大可能蒸散的差值越大，土壤的水分含量越低，干旱越严重。

利用 CWSI 进行作物干旱反演，关键是获取植被的实际蒸发量。潜在蒸发可以通过地面气象观测资料由 Penman-Monteith 蒸散公式计算。

实际蒸散发计算方法较多，常用双层蒸散发模型计算，其将能量平衡原理方程简化为：

$$R_n = G + H + LE \tag{7.6}$$

式中　R_n——地表净辐射通量，代表的是地面所接受的总能量；

　　　G——下垫面土壤热通量，表示土壤表层和深层的热量传递状态；

　　　H——地表与大气的热交换能量，即感热通量或显热通量；

　　　LE——潜热通量，指的是地表与大气的水汽热交换。

式中的 R_n、G 和 H 等参量可以在遥感与气象观测数据辅助条件下计算获取，通过遥感获取的参数有比辐射率、地表温度、植被指数等参数，气象观测资料包括风速、空气动力学阻抗、空气密度、气压和空气比热容等。

CWSI 是土壤水分的一个度量指标，它是由作物冠层温度值转换得到，该模型物理意义明确，适应性较强，在大尺度区域的应用也较多[78]，获得了更好的土壤相对含水量估算效果[79]。对于植被覆盖度较低的地区该模型具有一定的局限性。

7.1.5　土壤水分反演

土壤水分与其介电系数有高度的相关性，干土和水分的介电系数存在显著差异，随着水分增加土壤的介电系数迅速增大。微波遥感信号与地表介电常数密切相关，介电系数越大则信号越强，基于这一原理，微波遥感可以进行土壤水分含量的反演。

微波遥感有主动微波、被动微波两种方式。主动微波遥感利用后向散射系数监测土壤水分含量，被动微波遥感利用土壤亮度温度监测土壤含水量，无论是主动还是被动微波遥感，地表粗糙度、植被覆盖都对反演精度造成影响。通过选择植被不敏感的微波谱段，构建地表覆盖不敏感指数或通过模型模拟准确表达影响过程等方式是降低地表粗糙度、植被覆盖影响的主要技术途径。

主动微波遥感和被动微波遥感具有其自身的优点和缺点，主动微波遥感空间分辨率高，但数据量大，计算复杂，对粗糙度比较敏感。被动微波遥感重访周期短，覆盖面积大，计算简单，受粗糙度和地形的影响较小，对土壤水分的变化更敏感，但空间分辨率低。目前较多学者研究主被动联合进行干旱监测的方法，主被动联合的方式能发挥主动、被动微波遥感的优势，能很好地提高土壤水分反演精度[80]。

微波或者雷达土壤水分监测多注重土壤水分的分析，将土壤参数分解得更为细致，但是，由于电磁波与土壤的关系实际上比模型更为复杂，利用微波进行土壤水分反演具有很强的不确定性，为获取高精度的土壤水分，降低不确定性是重要的前提。

7.1.6　作物生长模型

作物生长模型可以对作物生长、发育、产量等一系列生理生化过程进行数学模拟与描述，可以解决作物长势和产量预测等农业问题，以农田的光、温、水、肥等条件因子为驱动，模拟作物光合、呼吸、蒸腾等生理过程，形成作物对生长环境响应的结果。目前应用较多的作物生长模型包括荷兰的 SWAP、美国的 CERES 和 DSSAT、加拿大的 SIMCOY、澳大利亚的 APSIM 等。由于作物生长过程的复杂性，致使大部分作物模型参数较多，加上作物生长环境的多变性，导致区域应用时作物参数难以获取。遥感结合作物生长模型开展水分胁迫对作物产量的影响模拟也是目前干旱遥感研究的一个方向。遥感技术在一定程度上解决了蒸发散等个别参数的区域获取问题，但对于作物模型的区域应用，众多参数仍然需要依靠地面观测来获取，精度也因此受到影响，这也是作物模型区域化应用中的主要难点。同化技术是解决这一问题的一个途径，它以遥感技术获取的参数（如 LAI）等作为"真值"，将模型数据的同种参数与之比较，对于比较合理的像元认为输入的参数是准确的并予以采用，比较不合理的像元认为输入的参数是不准确的并继续进行调整直到符合要求。

基于作物模型进行土壤水分反演具有明确的物理-生物过程原理，当输入参数精度较高时，可以获取较高的水分监测精度；而对于大尺度区域，由于获取精确的各项参数存在较大困难，模拟精度受到较大影响。利用遥感数据与陆面模型耦合进行同化等方式获取大尺度区域的土壤水分含量成为主要方式，然而其运行速度较慢，且一般同化参数较少，难以做到精确模拟，导致精度受限。

7.1.7　综合分析模型

在单个指标进行干旱监测的基础上，大量学者也研究采用多种指标进行综合分析的干旱分析模型，如综合冠层温度和作物长势的干旱遥感监测。相比单纯使用冠层温度或作物长势的干旱监测，综合分析模型考虑到了不同密度植被对于温度的影响情况，更加全面，原理性更强，在区域的应用中也更多。干旱综合分析模型常常需要根据研究区域特点进行选择，并使用统计学方法进行融合参数的设置，区域移植性也受到一定的限制。

7.2　应用实例

7.2.1　基于昼夜温差的遥感监测

江西省农业以种植水稻为主，且旱情多发生在 6—10 月，尤其是 7—8 月为水稻的生长旺盛期。在现有诸多旱情监测的方法中，植被供水指数法、条件植被温度指数和温度植被旱情指数法要求研究区域必须有干燥裸土、湿润裸土、水分限制下的植被和水分充足长势良好的植被等条件，难以适应江西省以种植水稻为主的情况；热惯量法主要用于裸露的旱地；在目前主要的旱情指标中，对于 VCI、TCI 等旱情监测指标，要满足研究区的土壤表层含水量在 VCI、TCI 指标所跨年份中存在从萎蔫含水量到田间持水量的情况，且受季节变化和植被类型年际变化的影响。上述主要干旱监测方法和指标在江西省水稻区的动态监测中均具有其优缺点。

地表温度是地球表面能量平衡和温室效应的指标，它能很好地反映干旱情况，这在城市、水体附近特别明显。水体的昼夜温差很小，城市附近的昼夜温差相对较大。昼夜温差与地表层 0～100cm 的土壤含水量有很强的相关性，昼夜温差越大，含水量越少，干旱程度越严重。对于无云期，可以使用昼夜温差来反映研究区旱情。

本节使用昼夜温差指标分析江西省农业干旱监测数据。

1. 数据来源

选用 2000—2008 年 7—9 月的 MODIS 数据 8d 合成陆地表面温度产品，空间分辨率为 1km，包含白天地表温度、夜间地表温度、31 通道和 32 通道发射率等。数据来源于美国土地过程分布式数据中心（Land Process Distributed Active Archive Center，LPDAAC）。

2. 分析方法

通过对多年昼夜温差与旱情关系的分析，确立江西省水稻区昼夜温差干旱等级划分标准（表 7.1）。

表 7.1　　　　　　　　　江西省水稻区昼夜温差干旱等级划分标准

干旱参数	过湿	正常	轻旱	中度干旱	重度干旱
TD	≤2	2～7	7～9	9～11	≥11

3. 结果分析

2003 年夏季，中国南方地区遭受了历史罕见的大范围高温干旱袭击，处在南方高温区的江西，也同样遭受了新中国成立以来罕见的夏季高温少雨天气，持续的高温少雨致使江西省干旱气象、干旱指标打破历史纪录，且旱情一直持续到冬季。7—8 月，江西省共有 58% 的地区为严重干旱，且南部重于北部。期间高温干旱范围之广、持续时间之长、灾害之严重，为历史同期罕见。因此本章选取 2003 年为研究年，利用上述标准，分析江西省 2003 年 7—9 月干旱过程，结果见图 7.1。

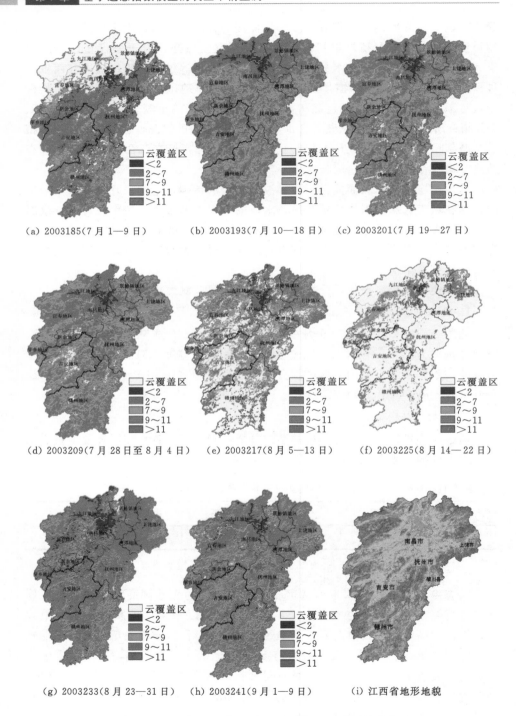

(a) 2003185（7 月 1—9 日）　　(b) 2003193（7 月 10—18 日）　　(c) 2003201（7 月 19—27 日）

(d) 2003209（7 月 28 日至 8 月 4 日）　　(e) 2003217（8 月 5—13 日）　　(f) 2003225（8 月 14—22 日）

(g) 2003233（8 月 23—31 日）　　(h) 2003241（9 月 1—9 日）　　(i) 江西省地形地貌

图 7.1　江西省 2003 年 7—9 月昼夜温差遥感旱情分布图

从图 7.1 可见：

（1）7 月 1—9 日的遥感旱情影像上，江西省大部分无旱情发生，九江、宜春、景德镇、南昌和上饶的西部地区为大片云覆盖。

（2）7 月 9 日过后温度持续走高，到 7 月 13—17 日温度达到最高值，且降雨量较小，此次高温少雨天气持续处于高值，直到 8 月 2 日左右，其中 7 月 17 日以后，温度稍有回落，遥感图像上 7 月 9—18 日旱情一度进入 7 月严重干旱，并且持续到 8 月初。

（3）8 月 4 日左右，江西全省平均温度有个小幅度下降点，且有小幅降雨发生。8 月 5—13 日的遥感影像上，全省部分地区有零星云分布，特别是赣州、吉安等地有大面积云覆盖区。8 月 11—22 日，由于副高稍减弱，加上实施人工增雨作业，江西部分地区出现降水，最高气温也有所下降。在 8 月 14—22 日的遥感影像上，江西省大部分地区为云覆盖，也表示旱情有所降低。8 月下旬温度再次攀升。然而此段时间处于全省大面积降雨过后，旱情未立即走高，这也与此期的遥感影像相吻合。8 月 23 日以后，全省又恢复少雨，且随着最高气温的逐步上升，旱情又转呈上升趋势。

图 7.2 为江西省 2003 年夏季逐日最高气温演变图，高温主要分为 3 个时段：主高温时段在 7 月 13 日至 8 月 22 日，次高温时段在 6 月 29 日至 7 月 12 日和 8 月 22 日之后。

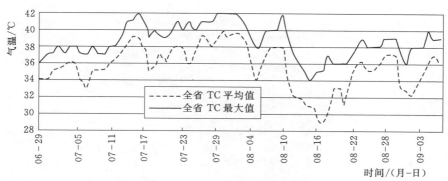

图 7.2　江西省 2003 年夏季逐日最高气温演变图
（资料来源于《江西省 2003 年夏季罕见高温气候特征及成因分析》。[81]）

由以上分析可见，昼夜温差干旱指数与云覆盖和降水、日最高气温演变曲线的对应关系吻合较好。由此表明，设计的干旱指数符合实际。

此外，本节使用昼夜温差计算了 2016 年 8 月和 2017 年 7 月、2018 年 8 月江西省干旱分布图，用于辅助干旱决策，见图 7.3。

结合江西省 2016 年 8 月中旬、2017 年 7 中旬及 2018 年 8 月下旬的历史干旱纪实分析，以上基于昼夜温差分析得出的旱情结果与实际情况基本一致。各

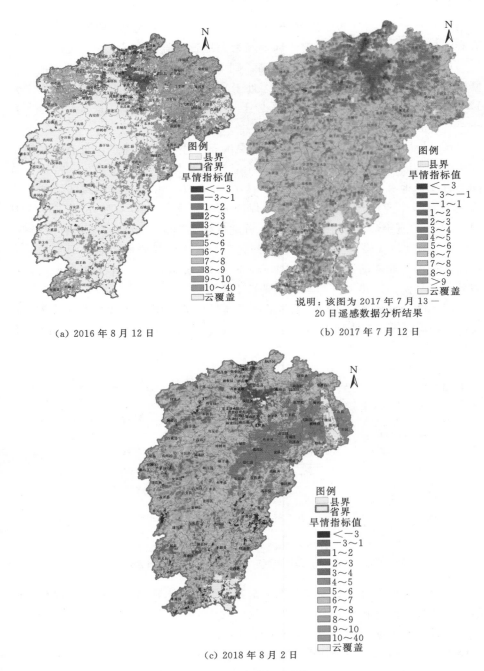

（a）2016 年 8 月 12 日

（b）2017 年 7 月 12 日

说明：该图为 2017 年 7 月 13 —
20 日遥感数据分析结果

（c）2018 年 8 月 2 日

图 7.3　江西省干旱分布

时段干旱情况具体如下：

2016 年 8 月中旬，全省干旱等级评价为不旱，干旱区域主要分布于赣东北，景德镇市、鹰潭市、萍乡市等设区市表现为轻度干旱，乐平市部分地区达到中度干旱程度。以上干旱情况与图 7.3（a）中基于昼夜温差得出旱情分布结果基本相符。

2017 年 7 月中旬，全省以晴热高温酷暑天气为主，省气象台连续 13d 发布高温橙色预警，其中上饶市、抚州市等设区市局部地区出现轻度干旱。以上干旱情况与图 7.3（b）中监测干旱程度基本相符。

2018 年 7 月下旬以来，全省基本无雨，大部分地区持续晴热高温天气，高温范围和强度均是今年以来最强。截至 7 月 31 日，全省平均降水量为1011mm，较常年同期偏少两成；各地降水量在 591mm（万载）～1688mm（德兴）之间，与常年同期相比，大部分地区偏少，其中，萍乡、新余、宜春西部、抚州东南部等地偏少 3～6 成，其余大部分地区偏少 1～3 成。高温少雨天气致使江河湖泊持续低水位，水库蓄水不足，甚至出现河道断流、水库干涸，部分地区发生干旱，且呈迅速蔓延趋势。

7.2.2　基于植被指数的遥感监测

本节介绍基于植被指数的遥感监测方法评估江西省萍乡市 2018 年夏季农业干旱。

1. 数据选择

数据采用 Terra 卫星搭载的 MODIS 传感器的植被指数产品 MOD09GA，该产品采用最大值合成法（Maximum Value Composite，MVC）合成，其时间分辨率是 1d，空间分辨率为 500m。经拼接与投影转换，在遥感处理软件 ENVI 中利用江西省和萍乡地区的矢量数据进行裁剪和波段运算，获得研究区 NDVI。

选取 2018 年 7—9 月间无云层覆盖的 MODIS 数据，建立基于 NDVI 的干旱监测模型。

2. 模型建立

基于 MODIS 产品获取的数据，计算江西省 2018 年 7—9 月间的 NDVI 指数。为了保证遥感监测数据的有效性，须检验区域 MODIS 产品计算的 NDVI 指数。本书对基于遥感数据计算的 NDVI 及测站测量的 40cm 土层厚度下土壤相对湿度数据散点进行对比分析，发现两者呈显著的正相关性，相关系数通过 0.001 的显著性检验（图 7.4）。

通过 NDVI 与土壤相对湿度的线性回归分析，参照《旱情等级标准》（SL 424—2008），将土壤相对湿度的干旱等级划分标准转换为 NDVI 的干旱等级划分标准，见表 7.2。

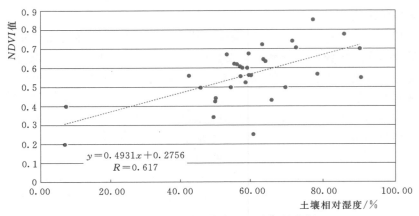

图 7.4　*NDVI* 与土壤相对湿度相关分析

表 7.2　　　　　　　　　　　　**NDVI 干旱等级划分标准**

序　号	干旱等级	土壤相对湿度/%	*NDVI* 值
1	不旱	＞60	＞0.57
2	轻度干旱	50～60	0.52～0.57
3	中度干旱	40～50	0.47～0.52
4	重度干旱	30～40	0.42～0.47
5	特大干旱	＜30	＜0.42

3. 干旱监测结果

根据上述干旱等级划分标准，对萍乡市 2018 年 7—9 月的旱情时空变化情况进行反演，结果见图 7.5。

由图 7.5 可见，萍乡市 2018 年 7—9 月旱情较为严重，其中特大干旱和中度干旱的范围较大，主要分布在南部的莲花县和西部的湘东区，重度干旱和轻度干旱范围较小，但分布更为广泛；8 月之后，特大干旱的分布范围有扩大的趋势。分析萍乡市各县（市、区）的旱情分布，安源区在 7—9 月基本处于无旱的状态，在东北部有中度干旱以上的旱情出现。上栗县的旱情集中在西南部与湘东区交界处，其中 7 月 27 日最为严重，到 8 月旱情有所缓解，部分特大干旱的区域转为中度干旱与轻度干旱，9 月在西南部又出现了特大干旱的旱情。湘东区北部与西南部旱情较为严重，尤其是西南部，7—9 月几乎都有大面积的特大干旱出现，对比萍乡市其他县（市、区）同时段的旱情分布，湘东区无旱的比例明显较低，只在中部地区有所分布。莲花县旱情主要分布在中部以及西南部，在 7 月底出现了较为严重的旱情，有大面积的特大干旱区域，在 8 月之后，虽然特大干旱的范围有所缩小，但同时中度干旱及重度干旱的范围逐渐扩大，整个莲花县都出现中度干旱以上的旱情。芦溪县旱情主要分布在中

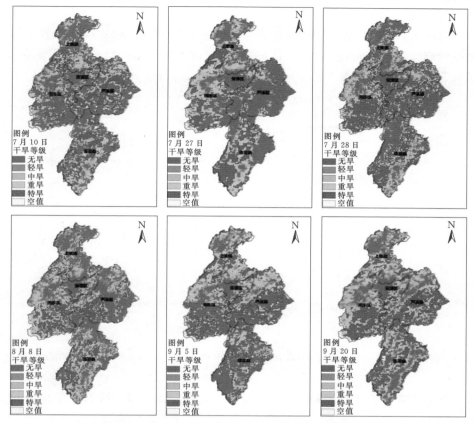

图 7.5　萍乡市 2018 年 7—9 月干旱分布图（NDVI）

部地区，7—9 月均有较大范围的特大干旱出现，9 月中度干旱及重度干旱的范围扩大，旱情较为严重。

7.2.3　基于作物缺水指数的遥感监测

本节介绍基于作物缺水指数（CWSI）评估江西省萍乡市 2018 年夏季农业旱情。

1. 数据选择

数据采用 MODIS 陆地蒸散参数产品（MOD16），该数据具有较高的时间分辨率和空间分辨率，在研究水分循环等方面具有一定的优势。另外数据包含蒸散和潜在蒸散两个参数，可以用于 CWSI 的计算，为干旱监测研究提供了方便可行的数据。

采用 CWSI，选取 2018 年 7—9 月间无云层覆盖的 MODIS 数据，建立干旱监测模型。

2. 模型建立

基于 MODIS 产品计算江西省 2018 年 7—9 月间的 CWSI，将 CWSI 数据与全省墒情站点 40cm 土层厚度下土壤相对湿度的散点图进行分析，可见两者呈显著的负相关性（图 7.6）。

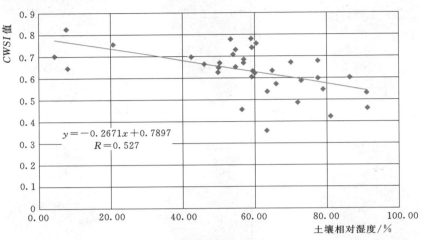

图 7.6　CWSI 与土壤相对湿度相关性分析

由此说明基于 MOD16 蒸散产品计算的 CWSI 用于萍乡地区干旱的监测是可行的。

通过 CWSI 与土壤相对湿度的线性回归方程，参照《旱情等级标准》（SL 424—2008），可以将土壤相对湿度的干旱等级划分标准转换为 CWSI 干旱等级划分标准，见表 7.3。

表 7.3　　　　　　　　　　　　CWSI 干旱等级划分标准

序号	干旱等级	土壤相对湿度/%	CWSI 值
1	不旱	>60	<0.63
2	轻度干旱	50~60	0.63~0.66
3	中度干旱	40~50	0.66~0.68
4	重度干旱	30~40	0.68~0.71
5	特大干旱	<30	>0.71

3. 干旱监测结果

对萍乡市 2018 年 7—9 月的旱情分布进行反演，结果见图 7.7。

由图 7.7 可见，萍乡市在 2018 年 7—9 月旱情较为严重，其中在 7 月 28 日和 9 月 20 日附近，旱情最为严重，8 月旱情有所缓解。重度干旱和特大干旱在全市范围内都有分布，在行政区划上，重度干旱及特大干旱主要分布在莲花县、上栗县和湘东区。分析萍乡市各县（市、区）的旱情分布，安源区旱情

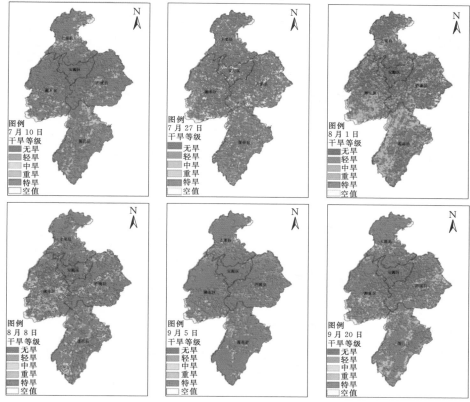

图 7.7　萍乡市 2018 年 7—9 月 CWSI 分析结果

相对较轻，大部分时间段未发生干旱，在 7 月 28 日和 8 月 1 日附近，有较为严重的旱情出现。上栗县的旱情集中在南部尤其是与湘东区的交界处，除 8 月 8 日附近的时间段，其他时间段均有较大面积特大干旱的旱情。湘东区在 7—9 月间旱情较为严重，尤其在 7 月底至 8 月初的时间段，几乎全区均出现中度干旱以上的旱情；9 月，南部也出现过大面积的特大干旱。莲花县在 7 月底至 8 月初的时间段旱情最为严重，几乎全县均为重度干旱以上的旱情，其中东南区域经常出现特大干旱的旱情。芦溪县旱情分布较为均匀，在东部和北部是旱情相对严重的区域，尤其是北部，特大干旱持续时间较长。

7.2.4　基于云指数的干旱监测

江西省降水丰富，常常受云影响，往往难以获得区域可见光-近红外遥感数据，本节介绍基于云指数监测江西省萍乡市 2018 年夏季农业旱情。

1. 数据选择

采用 Terra 卫星搭载的 MODIS 传感器的云覆盖数据，选取 2018 年 9 月

MODIS 数据，建立基于云指数的干旱监测模型，时间分辨率为 1d，空间分辨率为 1km。

2. 模型建立

以累计云覆盖天数为指数，将土壤相对湿度的干旱等级划分标准转换为云指数干旱等级划分标准，计算得到 20d 云覆盖指数干旱等级划分标准（表 7.4）。

表 7.4   20d 云覆盖指数干旱等级划分标准

序号	干旱等级	土壤相对湿度/%	云覆盖天数/d
1	不旱	＞60	＞18
2	轻度干旱	50～60	16
3	中度干旱	40～50	14
4	重度干旱	30～40	13
5	特大干旱	＜30	＜12

3. 干旱监测结果

通过对 9 月 1—20 日的 MODIS 云覆盖数据进行处理，得到萍乡市累计 20d 云覆盖空间分布图，见图 7.8。

图 7.8 萍乡市累计 20d 云覆盖空间分布

7.3 小结

　　本章简要介绍了常用的旱情遥感监测方法，重点阐述了热惯量、地表温度、植被指数、作物缺水指数、土壤水分反演、作物生长模型及综合分析模型遥感监测原理，构建了基于昼夜温差的遥感监测模型，并将其应用于江西省旱情遥感监测实践，分析了 2013 年、2016 年、2017 年、2018 年江西省的旱情分布，计算结果与历史干旱情况基本一致，表明构建的模型能用于旱情遥感监测。同时，开展了江西省萍乡市 2018 年 7—9 月的旱情监测，介绍了归一化植被指数、作物缺水指数、云指数等在旱情监测中的应用。

第 8 章

省级农业旱情研判系统

省级农业旱情研判系统是研究区域旱灾防御现状分析、实时监测数据采集体系、旱情研判模型构建和未来旱情发展研判等的集中应用，本章以江西省为例，介绍省级农业旱情研判系统的开发内容。

8.1 系统总体架构

8.1.1 设计思路

江西省农业旱情研判系统以统一标准、先进实用、扩展开放、安全可靠为设计原则，在深入调研全省农业干旱防御现状的基础上，根据全省旱灾防御、农作物种植结构、水利工程分布特点，以农业旱情研判核心业务为主线，以监测监控为数据依托，从实际业务需求分析入手，利用新一代智能传感、遥感、GIS、大数据、移动应用等高新技术，集合缺水度模型、缺墒模型和遥感监测模型，集约化建设农业旱情研判系统，以实现全省旱情的实时监测和旱情发展的短期预测，为相关部门提供准确可靠的旱情信息，为全省防旱抗旱的指挥决策提供有利技术支撑。

8.1.2 技术路线

江西省农业旱情研判系统按照"摸现状、集数据，建模型、强验证，搭系统、促应用"的技术路线进行研发（图 8.1）。

（1）摸现状、集数据。对全省 300 余座不同水源工程 666.67hm² 以上的典型灌区开展实地调研，收集全省耕地种植结构、土地类型、历史干旱信息等数据，以县为单元按水田（灌溉水田、望天田等）、水浇地（菜地、果园等）、旱地等进行分类；收集主要农作物不同生育期的需水耗水规律；收集全省19012 座 13.33hm² 以上的灌区成果数据，建立灌区与水库、塘坝、水陂、泵

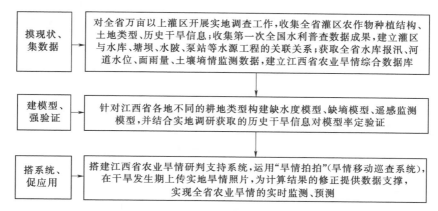

图 8.1　研判系统研发技术路线

站等水源工程的关联关系，并完成地理位置的标绘；获取全省 3000 座重点小
（1）型以上水库、180 座河道自动水位站、1085 个面雨量站、68 个土壤墒情
站的实时数据，以此为基础建立江西省农业旱情综合数据库。

（2）建模型、强验证。利用全省历史干旱数据建立适应于灌区耕地（灌溉
水田、水浇地、菜地、果园）和望天田的缺水度模型；选择典型县旱地建立缺
墒计算模型，开展退墒曲线、缺墒模型参数修正、验证和历史数据反演研究；
收集历史干旱期 MODIS 卫星遥感影像，建立遥感监测模型；干旱发生时，选
择典型县进行现场典型调查和分析，采用缺水度模型、缺墒模型和遥感监测模
型计算，对模型参数修正和率定。

（3）搭系统、促应用。在上述计算模型和旱情数据库的基础上，研究开发
江西省农业旱情研判系统，开发基于大数据支持的"旱情拍拍"旱情移动巡查
系统，并发放给全省 1548 个乡（镇）水管员、10819 座水库管理员使用，干
旱发生期上传实地旱情照片，为计算结果的修正提供数据支撑，实现全省农业
旱情的实时监测、预测。

8.1.3　技术架构

1. B/S 体系结构

B/S（Browser/Server）结构是指浏览器和服务器端结构，是对客户端和
服务器端结构的一种改进结构，属于三层结构，即用户表现通过浏览器实
现，一些业务逻辑通过浏览器实现，大部分事务逻辑在服务器端实现。因
此，B/S 端结构是随着互联网的发展而兴起的一种新的分布式应用服务结
构。浏览器和服务器端结构能够减轻客户端的数据负荷，同时减轻技术人员
的维护任务量，降低成本。客户端和服务器端的结构采用一次性到位的开

发，所以相对客户端和服务器端机构更加容易开发，成本也比较低廉。B/S 结构开发的应用部署方便，运行快捷，管理高效，而且可以进行跨平台操作，使得不同地点的开发人员都可以通过互联网接入，共同操作和开发数据库。这种架构最大的优势在于运行维护比较简单，B/S 结构模式可以在任何地方进行操作而不用安装专门的软件，客户端零安装、零维护，只要有一台能上网的电脑就能使用。使用本系统的人员一般都有浏览器，B/S 结构模式则可以直接使用浏览器进入系统操作，使用极为方便。在后期平台需要升级时可以直接管理服务器，便于系统后期的维护和升级。此外，系统的扩展也非常容易。

2. JAVA 技术

JAVA 语言是一种面向对象的语言，它通过提供最基本的方法来完成指定的任务，只需理解一些基本的概念，就可以用它编写出适合于各种情况的应用程序。JAVA 略去了运算符重载、多重继承等模糊的概念，并且通过实现自动垃圾收集大大简化了程序设计者的内存管理工作。JAVA 是面向网络的语言，通过它提供的类库可以处理 TCP/IP 协议，用户可以通过 URL 地址在网络上很方便地访问其他对象。JAVA 在编译和运行程序时，都要对可能出现的问题进行检查，以消除错误的产生。它提供自动垃圾收集来进行内存管理，防止程序员在管理内存时容易产生的错误。在编译时，通过集成的面向对象的异常处理机制，JAVA 提示出可能出现但未被处理的异常，帮助程序员正确地进行选择以防止系统的崩溃。另外，JAVA 在编译时还可捕获类型声明中的许多常见错误，防止动态运行时不匹配问题的出现。同时，JAVA 的类库中也实现了与不同平台的接口，使这些类库可以移植。另外，JAVA 编译器是由 JAVA 语言实现的，JAVA 运行时系统由标准 C 语言实现，这使得 JAVA 系统本身也具有可移植性。和其他解释执行的语言如 BASC、TCL 不同，JAVA 字节码的设计使之能很容易地直接转换成对应于特定 CPU 的机器码，从而得到较高的性能。多线程机制使应用程序能够并行执行，而且同步机制保证了对共享数据的正确操作。通过使用多线程，程序设计者可以分别用不同的线程完成特定的行为，而不需要采用全局的事件循环机制，这样就很容易实现网络上的实时交互行为。

3. AJAX 技术

AJAX 是许多技术组合而成，其中最主要的技术包括 XMLHttpRequest 对象、JavaScript、DOM 以及 XML 技术。

（1）XMLHttpRequest 对象属于 XMLHttp 组件。开发人员在开发系统时，通过使用 XMLHttpRequest 对象可以使得用户不必刷新整个页面就可以请求服务器端的相应数据。因此，该对象的使用大大加快了系统的响应速度，如同桌面程序进行数据交换。

（2）JavaScript 是一种常用的脚本语言。JavaScript 语言主要运用于程序嵌入，如 Web 应用中大量动态实现需要该语言的支持。因此，AJAX 技术中需要该脚本语言来使得程序与浏览器间进行交互。

（3）DOM 即文档对象模型，是一种 W3C 规约。DOM 可以专门用于 HT-ML 和 XML，通过提供大量 API 来访问和修改文档内容和结构。开发人员在开发 Web 应用时，会大量用到该技术，通过该技术的使用使得浏览器可以采用脚本语言，如 JavaScript 来表现网页。

（4）XML 是一种可扩展标记语言，与 HTML 一样，是互联网中非常重要的数据交换结构。XML 可以在不同的平台使用，而且使用简单，已经得到大量推广。XML 还可以进行数据存储，文档结构化。因此，开发人员在开发 Web 应用系统时，常常用到 XML 语言。通过使用 XML 语言，用户不仅可以进行视图表现，还可以进行配置文件的生成。

4. MVC 技术

MVC（Model-View-Controller）模式包括模型、视图、控制三层。通过 MVC 模式可以将应用系统的输入、处理和输出流程进行分离，使得系统层次分明，更加容易开发。视图层代表应用系统中与用户进行交互的界面。一般来说，应用系统中的视图层通过 HTML、XHTML、XML 以及 Applet 等来表现。MVC 模式将视图层和控制层进行分离，视图层主要负责前台界面的表现，控制层主要负责应用业务逻辑的实现。当用户进行请求数据时，后台对请求进行响应，然后将响应结果返回到视图层进行展现。模型层的主要功能是负责应用的业务流程和业务状态的制定和处理。由于 MVC 模式将不同功能进行分层，所以不同层之间的内部操作并不会被其他层调用。当模型层收到视图层请求的数据时，对请求进行处理，返回处理结果，在视图层进行相应的表现。因此，通过模型层，开发者将应用的业务逻辑集中进行开发，而不必关注其他层的功能。MVC 模式作为应用设计模型的框架，可以先对应用进行抽象，之后进行具体的实现过程。由于模型层是 MVC 模式的主要核心，开发人员需要基于需求进行模型层的设计。MVC 模式提高了模型的重构和重用性，开发人员在开发时，也可以减少工作量，提高工作效率。控制层介于 MVC 模式的中间一层，主要讲模型层和视图层进行联系。当用户从视图层发出请求时，通过控制层，将请求发给模型层，然后模型层对请求进行响应，通过控制层将处理结果返回给视图层进行显示。因此，通过控制层可以方便开发者灵活选择模型以及选择合适的视图，多个视图可能对应一个模型，多个模型也可能对应一个视图。

5. MUI + HTML5 移动终端技术

HTML5 的优势目前主要是体现在终端上跨平台、跨分辨率、版本控制简单，它包含的很多新特性都是针对终端设备，为的就是以后在终端设备上有更好的体验和交互。MUI 是一款可用开发高性能 APP 的框架，也是目前最接近原生 APP 效果的框架，可以有效解决 HTML5 原生开发中性能和体验方面的问题，可同时提供超过 20 多个控件、50 多个 JS API 和 100 多种样式，MUI 的 JS 加载速度仅有 17ms，体量小、加载快，页面绘出速度快，MUI 内置于 HTML5 开发工具，具有代码块提示功能，可边看边改。

8.1.4　总体架构

系统建设总体框架包括信息采集层、网络传输层、数据存储层、应用支撑层和业务应用层五个层面，系统总体架构见图 8.2。

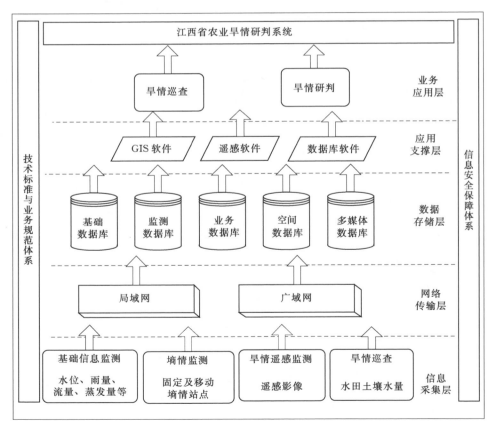

图 8.2　系统总体架构图

1. 信息采集层

信息采集层是采集、传输各类水利监测信息的基础设施，包括水雨情信息、墒情信息、流量信息、蒸发信息、遥感监测信息、巡查信息、工程运行数据及图像视频信息等。

2. 网络传输层

网络传输层是各种业务的运行平台，结合丰富的物联网技术，通过广域网及局域网为各级水利管理机构之间数据、图像等各种信息提供高速可靠的传输通道，实现网络互联互通。

3. 数据存储层

数据存储层依据国家及水利部有关规范标准体系要求，通过建立数据中心实现跨部门、跨地域的水文、气象、工程运行等数据资源的接入、接收与运行、维护、管理，实现数据资源的统一标准、统一接收、统一管理、分布式存储与集中数据发布服务体系。

4. 应用支撑层

应用支撑层提供统一的平台应用支撑服务，为系统各项业务应用提供统一的基础数据访问、数据分析、界面表现等公共服务支持，避免重复投资建设，形成可复用的系统功能组件，形成统一的地图服务，实现资源的互联互通，做到资源最大程度的共享。

5. 业务应用层

业务应用层是整个信息化工程建设的核心部分，按照软件即服务的建设思路，建立基于缺水度模型、缺墒模型、遥感监测模型的旱情研判及"旱情拍拍"业务应用软件服务体系，为省、市、县三级用户提供统一的服务管理、业务应用和信息展示。

6. 信息安全保障体系

通过平台服务体系的建设，建立平台服务标准规范与信息、服务与资源的共享交换机制，通过服务总线将各种设备设施资源、信息资源、应用资源与软件资源进行接入、集成与整合，建立数据、服务与设备资源的安全保障体系，最大限度地发挥资源的利用效率和使用范围，为业务应用提供统一的信息和服务支持，建立包括技术标准、管理办法等内容的支撑保障条件，保障水利信息化资源整合共享的顺利实施，形成信息化资源持续、稳定发展的良性循环。

8.2　系统功能

江西省农业旱情研判系统功能框架见图8.3。

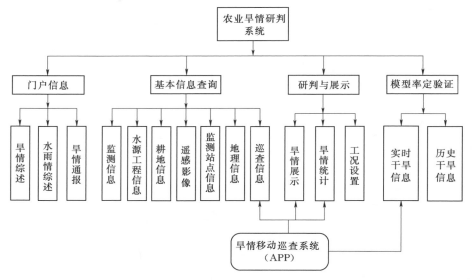

图 8.3 江西省农业旱情研判系统功能框架图

8.2.1 门户信息

门户信息位于系统主页面，它简要展示了全省旱情整体情况，包含旱情综述、水雨情综述、旱情通报三部分。

（1）旱情综述。简述全省整体受旱情况、全省受旱面积、受旱耕地面积中旱地和水田的比例、最旱地区等，并配有 GIS 图展示全省旱情分布情况。

（2）水雨情综述。对降水、江河水情、水库水情进行描述，指出全省当日降水量最大的地区；统计出全省超警戒水位的河流，若无超警戒水位河流则指出当前距超警戒水位最近的河流；统计出全省超汛限水位水库，若无超汛限水位水库则指出距汛限水位最近的水库。

（3）旱情通报。包括旱情综述、水雨情综述以及预测未来时段旱情等内容，可自动生成。

8.2.2 基本信息查询

针对旱情数据信息繁杂、数据量大、信息类别多的特点，建立基本信息查询功能模块，实现对旱情数据的快速查询、迅捷查阅。查询的内容主要包括监测信息、水源工程信息、耕地信息、遥感影像、监测站点信息、地理信息、巡查信息，相应各内容下又包含各类子信息，具体查询信息内容分类见图 8.4。

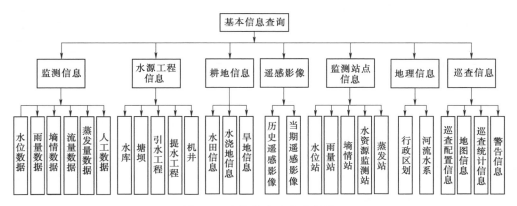

图 8.4　查询信息内容分类图

8.2.3　研判与展示

　　研判与展示部分为系统的核心组成部分，通过收集的旱情数据信息，设置不同工况，利用旱情计算模型，对旱情计算结果统计汇总并用不同形式表示。该部分包括工况设置、旱情展示、旱情统计三块内容，其具体内容结构框架见图 8.5。

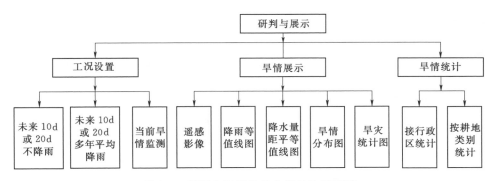

图 8.5　研判与展示具体内容结构框架图

8.2.4　模型率定与验证

　　1. 旱情研判模型

　　省级农业旱情研判系统实现对水田、水浇地和旱地等不同耕地类型作物精准研判的关键要素是构建一个适于当地特色的旱情研判模型。江西省农业旱情研判系统中的旱情研判模型包括缺墒模型、缺水度模型、遥感模型，不同模型适用的耕地类型及侧重的研判重点有所区别，但又相互验证、互为补充。缺水度模型主要应用于水田、水浇地等耕地类型的旱情预测，运用缺墒模型则可实现对旱地农业旱情的监测预测，遥感模型则能对以上所有耕地类型的作物实现实时监测旱情。以上三种模型具体原理见本书第 5 章、第 6 章及第 7 章。旱情研判模型原理结构框架见图 8.6。

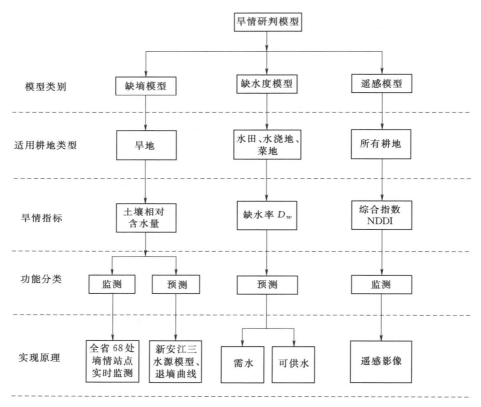

图 8.6 旱情研判模型原理结构框架图

2. 模型率定验证

根据图 8.6 即可初步构建旱情研判模型，但是从模型构建到应用还需经过率定验证，模型率定与验证是对旱情研判系统中旱情计算模型的进一步修正优化。旱情计算模型计算未来时段旱情等级并不能完全和实际旱情完全相吻合，需对照实际干旱情况，对所建立的旱情计算模型进行参数率定，不断修正优化模型参数，使其能符合实际干旱情况。模型率定验证是通过一次次旱情计算模型计算的旱情等级与旱情监测数据、"旱情拍拍"等数据对比，调整修改模型参数直到符合实际旱情为止，最后输出旱情研判结果。模型率定验证流程见图 8.7。

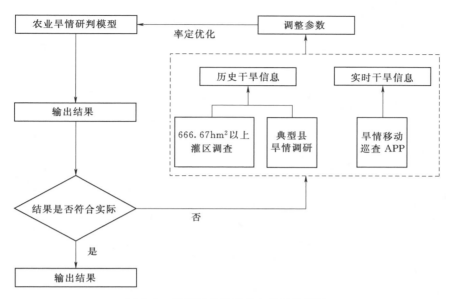

图 8.7　旱情研判模型率定验证流程图

8.3　农业旱情综合数据库

江西省农业旱情研判系统所涉及的信息面广,包括水文、水利遥感社会经济等信息。监测信息、地理信息、档案资料以及多媒体等数据对存储空间的需求很大,而且随着系统运行将会积累越来越多的历史数据,因此需构建江西省农业旱情综合数据库。

从数据库的组成方式上看,江西省农业旱情研判系统综合数据库分为监测数据库、业务数据库、基础信息数据库、空间数据库及多媒体数据库;从数据的来源来看,以上数据库又可分为本系统建设数据库和外部接入数据库。系统综合数据库框架结构见图 8.8。

1. 监测数据库

监测数据库主要用于存储监测类数据,从数据来源上可分为两类:一类是系统建设过程中通过采集点直接采集的数据,包括灌区取水口、引水口等监测站实时监测数据;另一类是其余业务系统平台接入地实时采集的数据,通过数据共享的方式接入系统,包括水库、河道、水雨情、水资源等监测站的实时数据。

2. 业务数据库

伴随着业务应用系统处理过程,会产生大量的中间数据,或者为满足业务

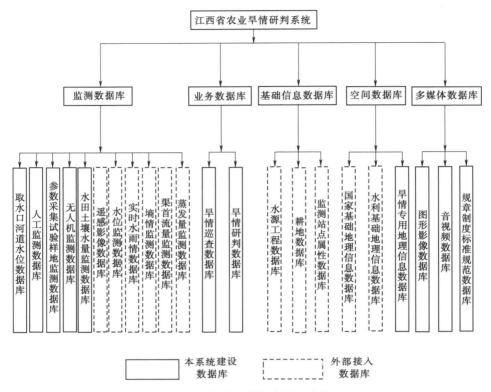

图 8.8 系统综合数据库框架结构图

系统的特定处理需求，所需要提前准备的数据。此类数据既非基础数据库的数据，也非最终成果库的数据，统一称之为业务过程数据。例如，旱情巡查数据、旱情研判数据等。业务过程数据统一存储到业务过程数据库中进行管理。

3. 基础信息数据库

基础信息数据库用来存储旱情研判所需的水源工程信息、耕地情况及监测站点属性等相关基础信息。以上基础信息可以从其他系统数据库以数据交换方式接入数据库。

4. 空间数据库

空间数据库包括各种不同比例尺的基础地理信息图、水利专题图和数字高程图，并根据具体业务要求进行基于级别和类型的细化分层，同时分别列出不同的属性数据的相关图层，主要包括国家基础地理信息数据库、水利基础地理信息数据库、旱情专用地理信息数据库。

专题图层与各个业务数据库相关联，所有属性数据在系统中用关系型数据库系统进行统一管理，数据以表的形式进行存储，空间地物及其属性通过唯一的标识码相互连接，获得对应记录。

灌区标绘成果是水利基础地理信息数据库的重要组成部分。灌区标绘即将灌区实际分布情况标绘至 ArcGIS 图层中，该研判系统加载标绘后的成果可展示全省各设区市灌区分布情况。为建立较为全面的江西省农业旱情综合数据库，项目组收集整理了江西省第一次水利普查资料、全省各县灌区农田规划资料，将各县灌区规划设计的 CAD 图标绘成 ArcGIS 图层。经基础数据整理分析、问询比对、抽查校核等，最终完成了全省 19012 座 13.33hm² 以上灌区的标绘工作。灌区标绘成果结合水利专题图层，有利于灌区属性查询和计算结果展示，为江西省农业旱情研判系统综合数据库的搭建与研判成果的展示查询打下了坚实的基础。

5. 多媒体数据库

多媒体数据库中包括了图形影像数据、音视频数据、规章制度、标准规范等。多媒体数据主要服务于信息的交互，属于非结构化数据类型，为非结构化数据的统一采集、应用和共享提供服务，适用于系统对非结构化数据的管理要求。

8.4 系统实现

8.4.1 模型调用

系统调用的模型包括缺水度模型、旱地缺墒模型和遥感模型。由于模型的原理、开发者、开发语言、计算内容、数据引用、结果输出均不相同，需要制定统一的接口标准，利用当前流行的面向对象软件开发方法将模型封装成标准 dll 类（动态链接文件）可较好地解决该问题，封装后的 dll 类可以被各种高级编程语言所引用。面向对象其实是现实世界模型的自然延伸，是一种把面向对象的思想应用于软件开发过程中，现实中任何实体都可认为是对象，对象之间通过消息相互作用。另外，现实中任何实体都可归属于某类事物，任何对象都是某一类事物的实例，例如，若把汽车看成一个实体，它可以分成多个子实体。对本系统来说，模型计算时可以把要计算的每一个行政分区或农作物等作为一个属性，再赋予各种属性和计算函数，计算时只要对同一种对象依次遍历。

系统模型调用是根据不同耕地类型上的不同作物调用相应的计算的模型，根据耕地类型及研判需求调用缺水度模型、缺墒模型、遥感模型。各模型适用范围可参考图 8.6。

8.4.2　数据查询

通过建立的基础数据库和空间数据库，系统可实现基本资料查询、实时数据查询、旱情旱灾监测、评估与预测结果查询、旱情旱灾报表等查询功能，系统基本界面见图 8.9～图 8.11。

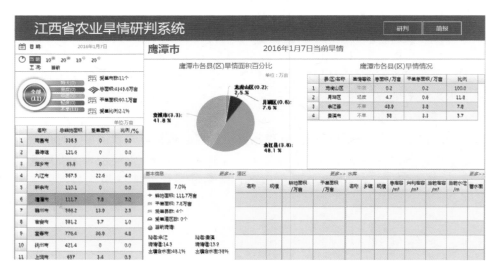

图 8.9　系统市级基本界面

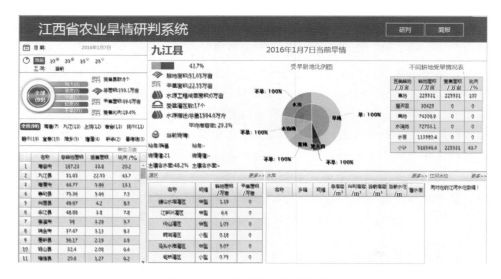

图 8.10　系统县级旱情查询界面

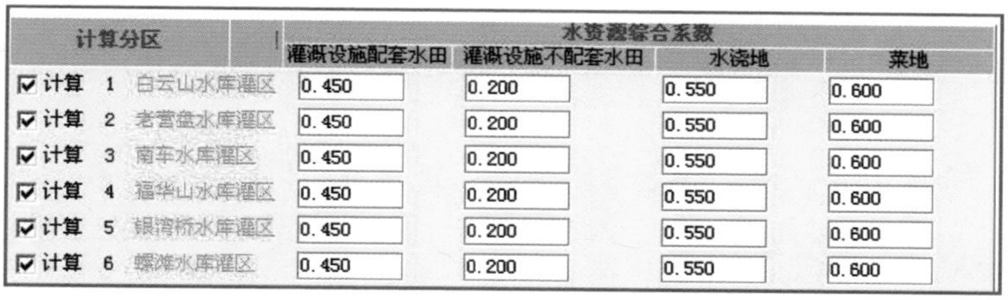

计算分区		水资源综合系数			
		灌溉设施配套水田	灌溉设施不配套水田	水浇地	菜地
☑计算 1	白云山水库灌区	0.450	0.200	0.550	0.600
☑计算 2	老营盘水库灌区	0.450	0.200	0.550	0.600
☑计算 3	南车水库灌区	0.450	0.200	0.550	0.600
☑计算 4	福华山水库灌区	0.450	0.200	0.550	0.600
☑计算 5	银湾桥水库灌区	0.450	0.200	0.550	0.600
☑计算 6	螺滩水库灌区	0.450	0.200	0.550	0.600

图 8.11　模型计算参数设置界面（缺墒模型）

研判界面为该系统的主界面，该界面将所有界面以简单的方式在主界面表示出来，可以了解该系统主要的模块组成。该界面将省旱情、市旱情、全省旱情图、当前旱情综述、县（灌区）旱情、全省五种耕地受旱情况分为六个模块展示。

1. 基本资料查询

系统可实现行政区划最小单元到乡（镇），水利工程最小单元到小型灌区、小型水库资料的查询功能。查询内容包括各乡（镇）的作物结构、播种面积、耕地结构，各灌区现状等基本数据。

2. 实时数据查询

实时数据包括实时水情、气象、墒情、降水、蒸发、水源、遥感情况等基本数据。

3. 旱情旱灾监测、评估与预测结果查询

模型计算结果存入数据库后，可以建立各种统计报表，如省、市、县的旱情旱灾监测、评估和预测统计报表，不同区域的干旱程度在全省电子地图上通过划定的干旱等级以不同的颜色显示给用户，为相关人员提供决策依据。

4. 等势线生成

为了使显示更加直观，墒情、降水、旱情等数据，可以通过一定的算法生成等势线或等势面的形式显示在电子地图上，并以颜色分级。

8.4.3　参数设置

模型要设置初始参数才能运行，此外，模型计算参数需要进行不断的修正和验证才能符合实际情况，因此需要建立专门的参数。

8.5　基于大数据支持的旱情研判技术

为了更好地为全省旱情研判提供信息化支撑，项目组研发了旱情移动巡查系统——"旱情拍拍"，它利用移动互联网和智能手机技术，通过信息的无线传送在移动终端进行操作的方式,为全省旱情研判提供全天候、即时即地的信息支撑和工作辅助,解决基于计算机网络和桌面电脑的信息化应用方式无法延伸至险、灾情现场的问题。

全省 1548 个乡(镇)和上万座水库工作人员干旱时期每天在指定点拍摄、

填报水稻土壤含水量情况并上传至旱情移动巡查系统后台数据库,系统通过统计学原理分析得出全省农业旱情分布情况,同时辅助该系统的缺水度模型、缺墒模型的分析,提高农业旱情研判系统的可靠性与准确性。系统主要建设内容为旱情巡查 APP——"旱情拍拍"的开发,它具备基础信息服务、地图展示、巡查拍照、数据上传等功能,为巡查人员按要求完成巡查拍照及相应土壤水量数据上传等提供技术服务。"旱情拍拍"APP 主界面见图 8.12。

旱情巡查系统包括巡查基础信息服务、地图展示、巡查拍照、数据上传等功能模块。旱情巡查系统功能结构见图 8.13。

巡查人员旱情巡查业务步骤如下:巡查人员到达指点巡查范围后,开启巡查拍照功能;根据当前田间土壤水量的状况进行土壤水量选

图 8.12 "旱情拍拍"主界面图

择,将当前数据保存上传至服务器,上传不成功时则用数据补传功能传至服务

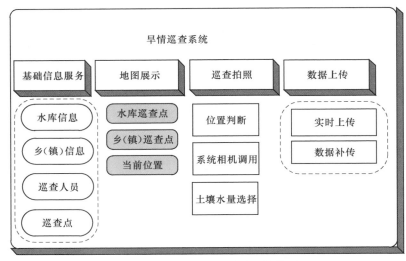

图 8.13 旱情巡查系统功能结构图

器。其具体步骤流程见图 8.14。

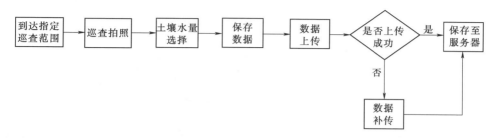

图 8.14　旱情巡查业务流程图

1. 基础信息服务

（1）水库信息。该系统提供江西省 10819 座水库按市、县、乡（镇）分级的查询展示，同时提供按水库名称搜索功能，为水库巡查人员选择巡查对象提供基础数据服务，见图 8.15。

图 8.15　水库选择示意图

（2）乡（镇）信息。对江西全省共 1548 个乡（镇）的信息，按市、县分级查询与展示，同时提供按乡（镇）名称搜索的功能，为乡（镇）巡查人员选择巡查对象提供基础数据服务。

（3）巡查人员。巡查人员分为乡（镇）巡查人员与水库巡查人员，每个乡（镇）或水库仅设置一个巡查人员。巡查人员基本信息包括姓名、职务、联系电话、所属单位。

（4）巡查点。巡查点分为乡（镇）巡查点与水库巡查点，每个乡（镇）设置两个乡（镇）巡查点（要求两点之间相距 5km），每个水库设置一个巡查点。巡查人员进入以巡查点为中心 5km 范围内方可启用巡查拍照功能，在未进入巡查范围之前配以文字提示。

2. 地图展示

地图展示为巡查人员提供明确的地理位置、巡查目标、巡查范围，使其能够按照系统设定的巡查点开展旱情巡查工作（图 8.16）。地图上展示的旱情巡查要素主要包括水库巡查点、乡（镇）巡查点、巡查员当前位置以及基本的地图要素。

3. 巡查拍照

巡查人员进入对应的责任巡查范围内启用巡查拍照功能对水稻田间土壤进行拍照，完成后对所拍照片中土壤水量进行描述，提供土壤裂缝、土壤干燥、土壤潮湿、土壤积水四个等级供选择，见图 8.17。

图 8.16　地图展示示意图　　　　图 8.17　水稻土壤水量选择示意图

4. 数据上传

　　巡查人员完成巡查拍照、土壤水量选择后，点击保存，系统自动将照片及水量信息上传至服务器，如果上传失败，则在巡查开始页，使用数据补传功能（图 8.18）。

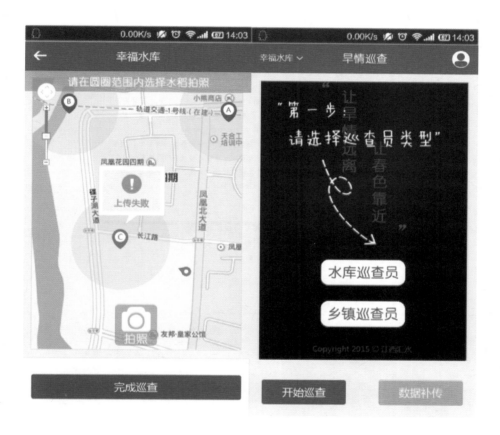

图 8.18　数据补传示意图

8.6　应用实例

　　运用本系统对 2018 年 8 月 6 日江西省的干旱情况进行研判分析，并生成旱情通报和旱情研判趋势图，具体见图 8.19 和图 8.20。

　　图 8.20 为江西省农业旱情研判系统对当前旱情、未来 10d 不降雨的干旱预测，其结果与江西省防汛抗旱总指挥部统计的干旱信息基本一致。图 8.21为江西省水利厅官网发布的 2018 年 8 月初江西省干旱情况。

江西省旱情通报

2018 年第 1 期

概述

雨情：8 月 6 日 8 时~8 月 7 日 8 时，全省 1 个县下了大雨，其中最大为芦溪县 25.45mm。

江河水情：各江河重点站均在警戒水位以下，其中离警戒水位最近的是新余站，8 月 7 日 8 时比警戒水位-1.04m。

水库水情：各大中型水库中超汛限水位最多的是军潭水库，8 月 7 日 8 时比汛限水位高 0.02m。

旱情：全省受旱耕地面积为 260.4 万亩，灌溉水田 49.1 万亩，望天田 211.3 万亩，受旱面积占耕地面积的 6.0%，全省旱情等级评价为轻度旱，其中其中安源区、莲花县等县区旱情等级评价为中度旱。

预测：若当前少雨天气持续，预计未来 10 天，全省受旱耕地面积为 1024.8 万亩，其中旱地 116.4 万亩，灌溉水田 556.9 万亩，望天田 351.9 万亩，受旱面积占耕地面积的 26.1%，全省旱情等级评价为中度，其中其中莲花县、郴县县、上栗县等县区旱情等级评价为严重旱。

江西省防汛抗旱指挥部办公室
江西省水利科学研究院
2018 年 8 月 7 日

图 8.19　江西省旱情通报（20180806）

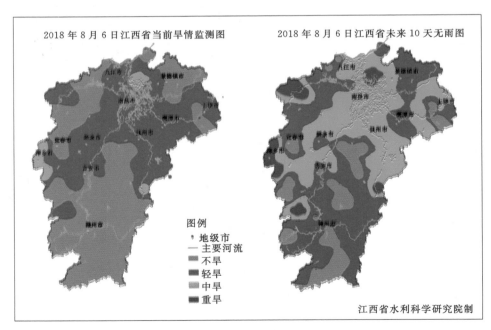

图 8.20　江西省旱情研判趋势图

江西持续晴热高温少雨 全省各地积极应对严重旱情

发布时间：2018-08-02 19:23:46　来源：省防办　作者：李霖　浏览量：273

今年以来我省降雨偏少，特别是7月中旬以来，全省基本无雨，大部分地区持续晴热高温天气，高温范围和强度均为今年以来最强。截至7月31日，全省平均降水量1011毫米，较常年同期偏少两成，列历年同期倒数第5位；各地降水量在591（万载）～1688毫米（德兴）之间，与常年同期相比，大部分地区偏少，其中，萍乡、新余、宜春西部、抚州东南部等地偏少3～6成，其余大部偏少1～3成。高温少雨天气致使江河湖泊持续低水位，水库蓄水不足，甚至出现河道断流、水库干涸，部分地区发生干旱，且呈迅速蔓延趋势。

干旱对我省受旱区城乡居民生活、工农业生产以及经济社会发展造成不利影响，个别县城供水紧张、部分乡镇群众饮水困难，水稻、蔬菜、果业等农作物受影响严重，全省抗旱形势日趋严峻。据初步统计，截至8月1日，全省农作物受旱面积271.7万亩，水田缺水87.56万亩、旱地缺墒34.6万亩；因旱饮水困难11.7万人，大牲畜1.47万头。全省河道断流28条，水库干涸124座。萍乡市农作物受灾面积23.01万亩，成灾面积8.77万亩，绝收面积3.65万亩，造成农业经济损失9756.2万元，2.47万人饮水困难，上栗县2座小型水库水位低于死水位，长平乡2000余人出现饮水困难，湘东区10座小型水库水位低于死水位，8条河流断流，部分山塘干涸。抚州市受旱面积46.3万亩，饮水困难人口1.68万人，水库干涸67座，其中南城县受旱面积12.96万亩、临川区11.65万亩、黎川县7.47万亩，南城县、东乡区、金溪县县城供水不足。

图 8.21　江西省水利厅官网发布的 2018 年 8 月初江西省干旱情况

8.7　小结

省级农业旱情研判系统可实现全省农业旱情的实时监测、预测和研判，并自动生成旱情通报。该系统建立了适于灌区耕地的缺水度模型、旱地缺墒模型和旱情遥感监测模型，开发了基于大数据支持的旱情移动巡查系统，为修正模型参数提供数据支撑；构建了江西省农业旱情综合数据库，据此研发了江西省农业旱情研判系统，可为农业旱情研判及抗旱指挥提供决策支持。

第9章

结　　论

　　本书在广泛调研分析的基础上，以江西省为例介绍了南方丘陵地区农业旱情研判技术实践取得的突破性进展，研究了南方丘陵地区地理特征、种植结构、水源工程分布和农业旱情的特点；根据南方丘陵地区耕地分类和水源工程情况，有针对性地提出了不同适用对象的缺水度模型和旱地缺墒模型，确定了合适的遥感监测模型，并结合干旱实例进行了验证分析；构建了南方丘陵地区农业旱情研判综合技术体系，并在江西省得到全面应用和系统开发。本书以江西省 13.33hm² 以上灌区和旱地为基本单元，收集了计算单元的实时监测数据、水源工程、种植结构和历史干旱等信息，构建了省级农业旱情综合数据库；根据不同计算单元提出了全省农业旱情监测和预测方法，并利用历史信息和实时移动巡查大数据技术不断对模型进行调试、率定和参数修正，在全国首次建立了适用于南方丘陵地区的省级农业旱情研判系统，为全面提升农业旱情研判的及时性和准确性提供了有力支撑。

　　鉴于影响旱情发生、发展的因素众多，旱情的监测和预测是公认的难题，尤其在以种植水稻为主的南方丘陵区域。结合旱情监测预测实践经验，省级农业旱情研判系统还可在以下方面做进一步的探索：

　　（1）不断更新完善系统数据库，尤其需加强对干旱信息的收集整理。随着农业旱情的区域调查、旱情移动巡查系统的运用、土壤墒情监测点的增加建设和旱情实时信息监测网的完善，旱情基础研究资料积累和系统日趋完善，研判系统各项基础资料、功能趋于成熟完善。但仍需加强对灌区及耕地基础数据的积累和更新，尤其是随着城镇化进程中，部分区域耕地种植面积以及种植结构发生较大变化，系统需及时更新完善对应的基础数据。

　　（2）进一步优化推广基于大数据支持的旱情研判技术。为获取实时的干旱信息，课题组研发了基于大数据支持的旱情移动巡查系统"旱情拍拍"，但目前该手机移动巡查 APP 仅限各地水库管理员和乡（镇）水管员使用，使用率偏低，较难及时获取江西省大面积的实时干旱情况。因此，后期或可进一步优化推广"旱情拍拍"APP，提高其使用率，做到全民参与防旱抗旱。

（3）农业旱情研判系统向农业旱情智能决策支持系统转变。农业旱情研判系统目前尚处于抗旱减灾的初级阶段，仅能监测研判农业旱情发生发展，但干旱发生时"抗旱应急水源如何调度？""灌区关联有限的水资源如何才能做到最优化的配置与调度？"等问题尚未得到解决。故在后期的研究中或可尝试从水资源配置与调度的角度，对典型灌区（或 666.67hm² 以上灌区）进行抗旱调水分析，并将研究成果嵌入系统，使系统向农业旱情智能决策支持系统转变。

（4）进一步分析研究不同土壤类型、作物不同生育期条件下土壤墒情退墒规律。本书针对土壤墒情退墒规律的分析尚未考虑不同土壤类型、作物不同生育期等因素对土壤墒情变化的影响，在今后的研究工作中或可从影响土壤墒情退墒规律的因素着手，统计分析不同区域不同土壤地质、作物不同生育期的退墒规律。

（5）进一步提高农业旱情实时监测站点密度。目前我国南方丘陵区用于防汛、山洪预警的监测站点总体较密集，投资非常大；相比之下，旱情监测投入非常少，导致旱情监测信息收集不及时、不全面，如水库库容率估算难、墒情站点太少、引提为水源的灌区取水口水位获取难等，最后使得旱情分析计算模型概化太多，影响了旱情研判精度。因此，各地可结合防旱抗旱实际需求，进一步提高农业旱情实时监测站点密度。

参 考 文 献

［1］ Mishara A K，Singh V P. A review of drought concepts ［J］. Journal of Hydrology，2010，391（1-2）：202-216.

［2］ WMO. Report on Drought and Countries Affected by Drought During 1974—1985 ［R］. WMO，Geneva，1986.

［3］ 费振宇. 区域农业旱灾风险评估研究 ［D］. 合肥：合肥工业大学，2014.

［4］ 屈艳萍，吕娟，程晓陶，等. 干旱相关概念辨析 ［J］. 中国水利水电科学研究院学报，2016，14（4）：241-247.

［5］ 屈艳萍，郦建强，吕娟，等. 旱灾风险定量评估总体框架及其关键技术 ［J］. 水科学进展，2014，25（2）：297-304.

［6］ 黄诗峰，辛景峰，等. 旱情遥感监测理论方法与实践 ［M］. 北京：中国水利水电出版社，2016.

［7］ SL 424—2008 旱情等级标准 ［S］. 北京：中国水利水电出版社，2009.

［8］ GB/T 32135—2015 区域旱情等级 ［S］. 北京：中国标准出版社，2015.

［9］ GB/T 32136—2015 农业干旱等级 ［S］. 北京：中国标准出版社，2015.

［10］ 屈艳萍，吕娟，苏志诚，等. 抗旱减灾研究综述及展望 ［J］. 水利学报，2018，49（1）：115-125.

［11］ 许继军，潘登. 基于干旱过程模拟的旱情综合评估方法应用研究 ［J］. 长江科学院院报，2014，31（10）：16-22.

［12］ Paulo A A，Pereira L S. Drought Concepts and Characterization ［J］. Water International，2006，31（1）：37-49.

［13］ Richard R，Heim Jr. A Review of Twentieth-Century Drought Index Used in the United States ［J］. Bulletin of the American Meteorological Society，2002，83（8）：1149-1165.

［14］ 范嘉泉，郑剑非. 帕默尔气象干旱研究方法介绍 ［J］. 气象科技，1984（1）：63-71.

［15］ AN Shunqing，XING Jiuxing. The Modification of Palmer Drought Severity Mo ［J］. Meteorology，1985，11（12）：17-19.

［16］ 黄妙芬. 黄土高原西北部地区的旱度模式 ［J］. 气象，1990，17（1）：23-27.

［17］ 余晓珍. 美国帕默尔旱度模式的修正和应用 ［J］. 水文，1996（6）：31-37.

［18］ 赵惠媛，沈必成，姜辉，等. 帕默尔气象干旱研究方法在松嫩平原西部的应用 ［J］. 黑龙江农业科学，1996（3）：30-33.

［19］ 刘庚山，等. 帕默尔干旱指标及其应用研究进展 ［J］. 自然灾害学报，2004（4）：21-27.

［20］ 孙钰峰. 帕默尔干旱指标及其应用研究进展 ［J］. 吉林农业，2015（14）：73.

［21］ 顾颖，戚建国，倪深海，等. 多源信息同化融合技术在旱情评价中的应用 ［J］. 人民黄河，2014，36（5）：41-44.

［22］ 张东，顾颖. 基于多源信息融合技术的旱情评价 ［J］. 水利水电技术，2014，45

(4)：11-13.

[23] 顾颖，戚建国，李国文. 信息同化融合技术在旱情评估预警中的应用 [M]. 郑州：黄河水利出版社，2015.

[24] 韩宇平，张功瑾，王富强. 农业干旱监测指标研究进展 [J]. 华北水利水电学院学报，2013，34 (1)：74-78.

[25] 郭铌，王小平. 遥感干旱应用技术进展及面临的技术问题与发展机遇 [J]. 干旱气象，2015，33 (1)：1-18.

[26] 许凯. 我国干旱变化规律及典型引黄灌区干旱预报方法研究 [D]. 北京：清华大学，2015.

[27] 王春乙，安顺清，潘亚茹. 时间序列的 ARMA 模型在干旱长期预测中的应用 [J]. 中国农业气象，1989 (1)：58-61.

[28] 朱晓华，杨秀春. 水旱灾害时间序列的分形研究方法 [J]. 安徽农业科学，2000 (1)：35-36，38.

[29] 米财兴，张鑫. 青海省干旱灾害时间序列分形特征研究 [J]. 灌溉排水学报，2015，34 (3)：94-97.

[30] Barros A P，Bowden G J. Toward long-lead operational forecasts of drought：An experimental study in the Murray-Darling River Basin [J]. Journal of Hydrology，2008，357 (3)：349-367.

[31] 张丹，周惠成. 基于指数权马尔可夫链及双原则干旱预测研究 [J]. 水电能源科学，2010，28 (4)：5-8，106.

[32] 李晓辉，杨勇，杨洪伟. 基于 BP 神经网络与灰色模型的干旱预测方法研究 [J]. 沈阳农业大学学报，2014，45 (2)：253-256.

[33] 李艳梅，李广. 基于模糊聚类和神经网络的干旱等级预测模型 [J]. 自动化与仪器仪表，2014 (4)：148-150.

[34] Sheffield J，Wood E F，Chaney N，et al. A drought monitoring and forecasting system for sub-Sahara African water resources and food security. Bulletin of the American Meteorological Society，2014，95 (6)：861-882.

[35] 吕娟，苏志诚，屈艳萍. 抗旱减灾研究回顾与展望 [J]. 中国水利水电科学研究院学报，2018，16 (5)：437-441.

[36] 张丹. 区域旱情中长期预报及农业干旱风险综合评价 [D]. 大连：大连理工大学，2011.

[37] 王密侠，马成军，蔡焕杰. 农业干旱指标研究与进展 [J]. 干旱地区农业研究，1998 (3)：122-127.

[38] 秦丽杰，袁帅. 西平市降水量与农业干旱研究 [J]. 东北师范大学报，2005，37 (3).

[39] 张凌云，王艺，刘蕾，等. 2 种干旱指标在柳州的应用对比分析 [J]. 中国农业通报，2016，32 (5)：159-164.

[40] 范德新，成励民，仲炳凤，等. 南通市夏季旱情预报服务 [J]. 中国农业气象，1998 (1)：54-56，53.

[41] 王振龙，赵传奇，周其君，等. 土壤墒情监测预报在农业抗旱减灾中的作用 [J]. 治淮，2000 (3)：43-44.

[42] 鹿洁忠. 农田水分平衡和干旱的计算与预报 [J]. 北京农业大学学报，1982 (2)：

69-75.

[43] 关兆涌, 冯智文. 利用水分平衡指标检验农业干旱的研究 [J]. 干旱地区农业研究, 1986 (1).

[44] 李保国. 区域土壤水贮量及旱情预报 [J]. 水科学进展, 1991, 2 (4): 264-270.

[45] 陈木兵. 湘中地区干旱预报模型及应用——以双峰县为例 [J]. 湖南水利水电, 2003 (3): 25-26.

[46] 徐向阳, 刘俊, 陈晓静. 农业干旱评估指标体系 [J] 河海大学报, 2001, 29 (7): 56-60.

[47] 雷基富. 缺水率法预测雷州半岛农业旱情设想 [J]. 广东水利水电, 2013 (8).

[48] Jackson R D, Idso S B, Reginato R J, et al. Canopy temperature as a crop water stress indicator [J]. Water Res., 1981, 17 (4): 1133-1138.

[49] Idso S B, Jackson R D, Pinter D J. Reginato R and Hatfield J. Normalizing the stress - degree - day parameter for environmental variability [J]. Agric. Meteorol., 1981, 24 (1): 45-55.

[50] 吴厚水. 利用蒸发力进行农田灌溉预报方法 [J]. 水利学报, 1981 (1): 1-9.

[51] 朱自玺. 冬小麦水分动态分析和干旱预报 [J]. 气象学报, 1988 (2): 202-209.

[52] 胡彦华, 熊运章, 孙明勤. 作物需水量预报优化模型 [J]. 西北农业大学报, 1993, 4.

[53] Hao Z. Drought characterization from a multivariate perspective: A review [J]. Journal of Hydrology, 2015, 527: 668-678.

[54] Wu J. Establishing and assessing the Integrated Surface Drought Index (ISDI) for agri - cultural drought monitoring in mid - eastern China [J]. International Journal of Applied Earth Observation and Geoinformation, 2013, 23: 397-410.

[55] Wu J, Zhou L, Mo X, et al. Drought monitoring and analysis in China based on the In - tegrated Surface Drought Index (ISDI) [J]. International Journal of Applied Earth Observation and Geo information, 2015, 41: 23-33.

[56] Rajsekhar D, Singh V P, Mishra A K. Multivariate drought index: An information theory based approach for integrated drought assessment [J]. Journal of Hydrology, 2015, 526: 164-182.

[57] 姚国章, 丁玉洁. 美国国家集成干旱系统的发展及启示 [J]. 电子商务, 2010 (8): 104-112.

[58] 苏志诚, 孙洪泉. 国内外干旱监测评估信息化建设现状分析及建议 [J]. 中国防汛抗旱, 2017, 27 (3): 19-21, 28.

[59] 李荣昉, 余雷, 雷声. 江西省农业旱情监测预测系统模型研究 [J]. 江西水利科技, 2008, 34 (4): 244-246.

[60] 黄淑娥, 聂秋生, 祝必琴, 等. 江西省干旱遥感监测研究 [J]. 江西农业大学学报, 2008 (5): 944-948.

[61] 张秀平. 基于 MODIS 数据的江西省农业旱情遥感监测方法研究 [C] //全国农业遥感技术研讨会论文集. 中国农业科技推广协会. 2009: 7.

[62] 刘业伟, 雷声, 汪国斌. 基于缺水度模型的蓄水型水田灌区旱情预报 [J]. 人民长江, 2017, 48 (3): 39-43.

[63]　高会然，沈琳，刘军志，等. 中国南方丘陵区非点源污染过程模拟研究进展 [J]. 地球信息科学学报，2017，19（8）：1080 – 1088.

[64]　祝功武，刘瑞华. 南方丘陵山区耕地现状、潜力与开发对策——以德庆县为例 [J]. 地理科学，1998（1）：15 – 20.

[65]　中国科学院地理学部办公室. 关于南方丘陵山区农业持续发展和生态环境建设的建议 [J]. 地球科学进展，1995（5）：413 – 416.

[66]　人民教育出版社地理社会室. 地理 [M]. 北京：人民教育出版社，2006.

[67]　匡迎春. 南方丘陵区水稻节水灌溉自动调控系统的研究 [D]. 长沙：湖南农业大学，2011.

[68]　肖新. 南方丘陵季节性干旱区节水稻作综合效应研究及效益评价 [D]. 南京：南京农业大学，2007.

[69]　江西省水利厅. 2016 年江西省水资源公报 [R]. 2017.

[70]　罗小云. 找准新方位，把握总基调，开启江西水利改革发展新征程 [R]. 2019.

[71]　郭元裕. 农田水利学 [M]. 3 版. 北京：中国水利水电出版社，1998.

[72]　赵人俊. 流域水文模型 [M]. 北京：水利电力出版社，1984.

[73]　詹道江，叶守泽. 工程水文学 [M]. 北京：中国水利水电出版社，2000.

[74]　王建勋，华丽，邓世超，等. 基于 CiteSpace 国内干旱遥感监测的知识图谱分析 [J]. 干旱区地理. 2019，42（1）：155 – 160.

[75]　王利民，刘佳，杨玲波，等. 农业干旱遥感监测的原理、方法与应用 [J]. 中国农业信息，2018，30（4）：33 – 46.

[76]　Watson Kenneth，Rowan L C，Offield T W. Application of thermal modeling in the geologic interpretation of IR images [J]. Remote Sensing of Environment，1971（3）：2017 – 2041.

[77]　刘振华，赵英时. 遥感热惯量反演表层土壤水的方法研究 [J]. 中国科学：地球科学，2006，36（6）：58 – 64.

[78]　汪左，王芳，张远. 基于 CWSI 的安徽省干旱时空特征及影响因素分析 [J]. 自然资源学报，2018，33（5）：853 – 866.

[79]　虞文丹，张友静，郑淑倩. 基于作物缺水指数的土壤含水量估算方法 [J]. 国土资源遥感，2015，27（3）：77 – 83.

[80]　赵天杰，张立新，蒋玲梅，等. 利用主被动微波数据联合反演土壤水分 [J]. 地球科学进展，2009，24（7）：769 – 775.

[81]　尹洁，张传江，张超美，等. 江西 2003 年夏季罕见高温气候特征及成因分析 [J]. 江西气象科技，2003（4）：19 – 22.